多面体低聚倍半硅氧烷杂化功能材料

马晓燕　陈　芳　著

科学出版社

北　京

内 容 简 介

多面体低聚倍半硅氧烷（POSS）由于其特殊的无机笼形结构及灵活的有机取代基结构的可设计性，成为多功能、高性能聚合物材料的理想构筑基元。本书在广泛收集和整理国内外大量文献的基础上，结合作者课题组多年来的科研工作，系统地介绍了 POSS 及其聚合物基复合材料的研究成果和进展。主要内容包括 POSS 的合成与结构、POSS 杂化聚合物的合成、POSS 聚合物基复合材料的界面优化等；同时也介绍了 POSS 对改善功能聚合物基复合材料力学性能、耐烧蚀性能、阻燃性能、抗原子氧性能以及电学性能等方面的最新研究进展。

本书可供从事高分子材料与复合材料领域的科研人员、研究生和工程技术人员参考，也可供高分子化学与物理、材料科学与工程等专业领域的科研工作者和学生阅读。

图书在版编目（CIP）数据

多面体低聚倍半硅氧烷杂化功能材料 / 马晓燕，陈芳著. -- 北京：科学出版社，2025. 6. -- ISBN 978-7-03-081367-1

Ⅰ. TB34

中国国家版本馆 CIP 数据核字第 2025HN3014 号

责任编辑：张淑晓　智旭蕾 / 责任校对：杜子昂
责任印制：徐晓晨 / 封面设计：东方人华

科 学 出 版 社 出版

北京东黄城根北街 16 号
邮政编码：100717
http://www.sciencep.com

北京九州迅驰传媒文化有限公司印刷
科学出版社发行　各地新华书店经销

*

2025 年 6 月第 一 版　开本：720 × 1000　1/16
2025 年 6 月第一次印刷　印张：10 3/4
字数：220 000

定价：108.00 元

（如有印装质量问题，我社负责调换）

前　　言

多面体低聚倍半硅氧烷（polyhedral oligomeric silsesquioxane，POSS）是一类分子内有机-无机杂化纳米材料，由于其特殊的无机硅-氧-硅笼形结构及其有机取代基结构的可灵活设计性，具有与多种不同类型的树脂、橡胶等发生共聚反应的特性，可以作为共聚单体，广泛应用在国防军工、电子信息、能源转化、环境保护、生物医药等众多高新技术领域。本书主要介绍不同有机取代结构 POSS、不同笼形结构 POSS 等杂化纳米材料及 POSS 杂化聚合物的合成方法，POSS 杂化特种功能橡胶复合材料、POSS 杂化特种功能热固性树脂基复合材料的制备、结构与性能的关系，其中大部分属于著者及其课题组多年来的研究工作及对相关领域最新研究进展的归纳与总结。

本书旨在从分子设计的角度探讨 POSS 基杂化分子材料合成制备过程原理、方法和技术，为合成化学和材料化学等领域的读者开展不同结构及功能 POSS 杂化分子的结构设计和精准合成提供方法和参考；另外，本书还从材料功能调控的角度阐述 POSS 基杂化特种功能材料的多层级结构设计、杂化材料结构与性能的关系，为从事新型功能材料研发的读者全面了解 POSS 基杂化材料结构与性能的精细调控提供借鉴。

衷心感谢科学出版社编辑们给予的支持和帮助。

衷心感谢课题组张宗武（第 1 章及第 4 章）、周怡洁（第 2 章）、马旭涛及王淑梦（第 3 章）、牛肇淇（第 4 章）、胡向攀（第 5 章）等成员在本书撰写过程中付出的辛勤努力。

虽然著者在本书的撰写中力求准确与完善，但是由于水平有限，难免存在不当与疏漏之处，敬请读者批评指正。

著　者

2024 年 12 月

目　录

前言
第1章　笼形 POSS 的合成和结构 …………………………………………………… 1
1.1　笼形 POSS 的合成 ………………………………………………………………… 3
1.1.1　水解-缩合法 ………………………………………………………………… 3
1.1.2　顶角盖帽法 …………………………………………………………………… 5
1.1.3　官能团衍生法 ………………………………………………………………… 6
1.2　笼形 POSS 的结构 ………………………………………………………………… 7
1.2.1　闭笼形 POSS ………………………………………………………………… 8
1.2.2　开笼形 POSS ………………………………………………………………… 10
1.2.3　畸形 POSS …………………………………………………………………… 11
参考文献 …………………………………………………………………………………… 13
第2章　精确结构 POSS 杂化聚合物的合成 ……………………………………… 18
2.1　POSS 杂化聚合物的结构 ………………………………………………………… 18
2.2　精确结构 POSS 杂化聚合物的基本合成策略：可控/活性自由
基聚合 ………………………………………………………………………………… 20
2.2.1　POSS 作原子转移自由基聚合引发剂合成杂化聚合物 ………………… 21
2.2.2　POSS 作可逆加成-断裂转移聚合试剂合成杂化聚合物 ……………… 24
2.2.3　POSS 作单体合成杂化聚合物 …………………………………………… 28
2.3　精确结构 POSS 杂化聚合物的分级合成策略：点击化学 …………………… 32
2.3.1　单功能可点击 POSS 及其杂化聚合物的链结构 ……………………… 33
2.3.2　Janus 可点击 POSS 及其非对称杂化聚合物 ………………………… 34
2.3.3　基于点击反应的组合合成策略的应用 …………………………………… 36
参考文献 …………………………………………………………………………………… 43
第3章　POSS 交联改性弹性体复合材料 ………………………………………… 49
3.1　POSS 交联改性弹性体基体 ……………………………………………………… 49
3.1.1　POSS 交联改性弹性体的制备工艺 ……………………………………… 50
3.1.2　POSS 交联改性热固性弹性体 …………………………………………… 52
3.1.3　POSS 交联改性热塑性弹性体 …………………………………………… 55

3.2 POSS 交联改性弹性体复合材料结构与功能的关系 ······················58
    3.2.1 POSS 交联改性热固性弹性体复合材料结构与耐烧蚀性能 ·········58
    3.2.2 POSS 交联改性热固性弹性体复合材料结构与阻燃性能 ············66
    3.2.3 POSS 交联改性热固性弹性体复合材料结构与高强高韧性能 ······68
    3.3.4 POSS 交联改性热塑性弹性体复合材料结构与性能 ··················72
  参考文献 ···75
第 4 章 POSS 改性热固性树脂基复合材料 ·······································78
  4.1 POSS 改性热固性树脂基体 ···79
    4.1.1 共混法制备 POSS/Resin 杂化热固性树脂 ···························79
    4.1.2 共聚法制备 POSS-co-Resin 杂化热固性树脂 ······················79
    4.1.3 聚合物负载法制备 POSS@Polymer/Resin 杂化热固性树脂 ·······83
  4.2 POSS 改性复合材料界面 ···85
    4.2.1 POSS 改性纤维 ··85
    4.2.2 POSS 改性无机填料 ··91
  4.3 POSS 改性功能型热固性复合材料 ··95
    4.3.1 POSS 改性的耐烧蚀热固性复合材料 ·································95
    4.3.2 POSS 改性的阻燃热固性复合材料 ·································· 105
    4.3.3 基于 POSS 改性的透波热固性树脂复合材料 ··················· 112
    4.3.4 基于 POSS 改性的抗原子氧热固性复合材料 ··················· 120
  参考文献 ··· 125
第 5 章 POSS 基功能材料 ·· 131
  5.1 POSS 在锂离子电池电解质中的应用 ·· 131
    5.1.1 POSS 基固态聚合物电解质的结构与性能 ······················· 132
    5.1.2 掺杂型 POSS 在锂离子电池固态电解质中的应用 ·············· 147
  5.2 POSS 在燃料电池质子交换膜中的应用 ····································· 151
  参考文献 ··· 159

第1章 笼形 POSS 的合成和结构

　　科学技术的不断发展对关键基础材料的性能提出了更高要求。然而，传统无机材料、有机材料的缺点严重制约了高新技术领域的进一步发展。因此，发展新型高性能、功能有机-无机杂化材料，不仅能为战略性新兴产业和重大工程奠定物质基础，也可进一步加速新能源、信息、生命科学等领域的深度融合，促进科技的发展。

　　笼形多面体低聚倍半硅氧烷（cage-like polyhedral oligomer silsesquioxane）是20 世纪 90 年代中期美国空军研究实验室（Air Force Research Laboratory，AFRL）推进技术委员会为满足空军对新一代超轻、高性能聚合物材料的需求而发展的一类新型分子内有机-无机杂化纳米材料。如图 1-1（a）所示，POSS 的结构通式是 $(RSiO_{1.5})_n$，主要包括由 Si—O—Si 交替连接而成的无机笼形内核以及与 Si 原子共价连接的有机基团 R。其三维尺寸为 1~3 nm，故 POSS 也被称为最小尺度的纳米二氧化硅，具有无机纳米粒子的量子尺寸效应、表面与界面效应等。同时，POSS 有机基团的结构可设计性使其具有加工的可调性以及与聚合物良好的相容性。

　　第一个真正意义上的 POSS 是 Scott[1]于 1946 年在二甲基氯硅烷和甲基三氯硅烷的水解缩聚产物的热重排过程中偶然得到的。随后 1955 年，Sprung 等[2]报道了甲基 POSS 的化学合成方法并建立其笼形分子结构模型。同年，Barry 等[3]相继合成出有机侧基为乙基、丙基、丁基以及环己基的多种含惰性有机基团的POSS。1959 年，Müller 等[4]利用 $HSiCl_3$ 的水解-缩合反应，成功合成了第一个含活性氢基的 POSS，但其产率仅为 1%。1970 年，Frye 和 Collins 等[5]改进了氢基POSS 的合成方法，以三甲氧基硅烷 $HSi(OCH_3)_3$ 为原料，产率约为 13%；而以三氯硅烷 $HSiCl_3$ 为原料，产率可提升至 15%以上。1982 年，苏联科学家 Voronkov 和 Lavrentyev 撰写了首篇关于 POSS 的综述性文章，系统地阐述了 POSS 的合成方法和机理[6]。而后随着美国空军研究实验室的密切关注，关于 POSS 的研究逐渐进入蓬勃发展时期[7, 8]，大量关于 POSS 研究的文章陆续被报道[图 1-1（b）]。其中，美国加利福尼亚大学 Feher 等[9-11]利用酸/碱性试剂将 POSS 的笼形结构"打开"，并将金属离子引进 POSS 笼形结构中，研究了其作为有机金属催化剂的应用。美国密西根大学 Laine 等将 POSS 与环氧树脂[12]、聚甲基酸酯[13]等聚合物基体共混/共聚，研究了 POSS 对聚合物材料结构和性能的影响。

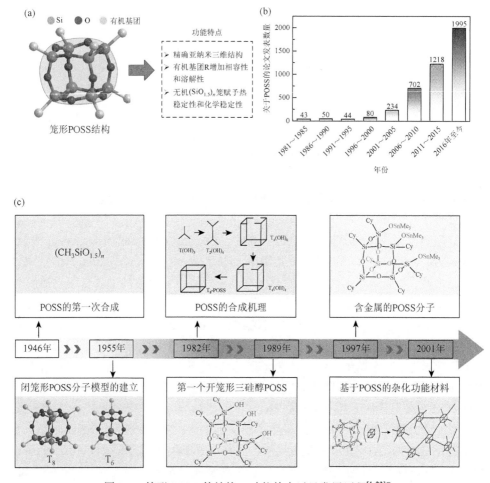

图 1-1 笼形 POSS 的结构、功能特点以及发展历程[1-23]①

（a）笼形 POSS 的结构及功能特点；（b）1981 年至今关于 POSS 材料的研究性论文发表情况（基于 Web of Science 检索，关键词：POSS 或 polyhedral oligomer silsesquioxane）；（c）POSS 分子模型建立、合成、机理及应用等方面的发展历程

经过了半个多世纪的发展，POSS 因其卓越的结构可设计性而成为构筑新型杂化材料的重要分子基元。POSS 分子具有独特的多面体结构，可以通过调整其化学结构和组成元素实现对材料结构和性能的精确调控，同时赋予材料新的功能。这得到了全球化学和材料领域研究者的广泛关注。近年来，学术界针对功能需求，利用多种最新的合成方法，设计合成了不同组成元素[14-16]、笼形状[17,18]、有机结构各异[19,20]的 POSS，极大地丰富了有机硅分子谱系；同时，基于 POSS 掺杂的聚

———————————
① 扫描封底二维码，可见全书彩图。

合物杂化材料的制备也逐渐从最初作为填料与聚合物简单共混,发展到以反应型的 POSS 作为精确结构的杂化分子基元[21],结合可控合成及组装方法[22, 23],实现聚合物杂化材料的多层级结构的精确调控。截至目前,种类多样化、结构可控化、性能智能化的 POSS 基杂化聚合物及 POSS 杂化功能材料因其结构与性能的独特性,在国防军工、电子信息、能源转化、环境保护、生物医药等领域显示出极大的应用潜力。

1.1 笼形 POSS 的合成

POSS 分子因其独特的笼形结构和功能可调性,近年来受到广泛关注。基于 POSS 的结构功能特性,研究者采用多种最新合成方法,设计并合成了不同元素组成、笼形及有机结构的新型 POSS 分子,显著丰富了功能化有机硅分子谱系。目前,关于 POSS 的合成方法主要有水解-缩合法、顶角盖帽法和官能团衍生法。POSS 合成方法的多样性为研究者提供了多样的策略设计和优化 POSS 分子,使其在材料科学、生物医学、催化等领域显示出巨大应用潜力。

1.1.1 水解-缩合法

水解-缩合法是合成笼形 POSS 分子中最简便且常用的方法。这一过程通常以一种或多种 $RSiY_3$ 型三官能度硅烷偶联剂为反应物,其中 Y 可以是氯基、甲氧基或乙氧基,R 则可以是乙烯基、甲基、苯基、甲基丙烯酰氧丙基或氯丙基等多种有机基团。在酸或碱的催化下,$RSiY_3$ 通过逐步的水解、缩合反应实现笼环化,形成具有特殊结构的笼形 POSS 分子[图 1-2(a)、(b)]。

如图 1-2(c)所示,POSS 的合成过程涉及硅烷偶联剂二聚体、三聚体等不同反应中间体的水解、缩合反应。复杂的反应路径使产物结构受到反应物结构、反应物浓度、溶剂种类和催化条件等多种因素的影响。以 $RSiY_3$ 单体为例,取代基结构的差异直接影响 POSS 合成过程中水解-缩合反应活性。对于 R 侧基而言,单体的水解-缩合反应活性遵循 $CH_3 > C_2H_5 > C_3H_7 > C_4H_9 > C_5H_{11}$ 的规律。这是因为长烷基链会增加 $RSiY_3$ 单体的疏水性,使硅烷分子与水分子的相互作用减弱,从而不利于水解反应的进行;同时,大烷基取代基的空间位阻效应会阻碍缩合过程,不利于内环化形成笼形结构。对于参与水解反应的基团 Y 而言,单体的水解反应活性遵循—Cl>—OH>—OR 的顺序[6]。然而,过快的水解反应通常导致硅烷凝胶化,不利于笼形的构筑。因此,以三氯硅烷为原料合成 POSS 分子时,无需添加额外的酸、碱催化剂,且通常在低温条件下进行反应。而以三烷氧基硅烷为反应物合成 POSS 时,需要添加酸、碱催化剂或通过提高反应温度促进水解。

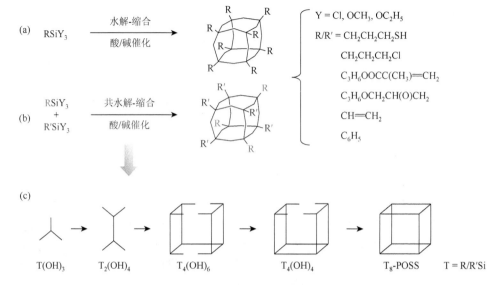

图 1-2　水解-缩合法合成笼形 POSS 分子

图中 POSS 的笼形并不代表唯一笼形结构；（a）单一硅烷偶联剂水解-缩合合成具有单一有机基团的 POSS 分子[24-27]；（b）多种硅烷偶联剂共水解-缩合合成具有多种有机基团的 POSS 分子[28-30]；（c）水解-缩合法合成 POSS 的反应机理[6]

　　溶剂的种类也会对水解过程产生重要影响。极性溶剂有利于促进水解过程。因此，用甲醇、乙醇等极性溶剂合成 POSS 时，$RSiY_3$ 单体的最佳浓度为 0.1～0.2 mol/L，以防止水解过程过快导致生成高分子量副产物；而用苯、甲苯、环己烷、乙醚等非极性溶剂时，$RSiY_3$ 单体的浓度则需适当提高。此外，酸、碱催化剂也可促进硅烷水解，但影响各不相同。低 pH 有利于分子内缩合，形成环状结构，而高 pH 有利于分子间缩合，形成硅树脂。因此，在酸性催化条件下通常能够获得单一结构的八聚体笼形 POSS[24, 26, 29, 31]，而在碱性条件下，产物中除了含有八聚体、十聚体、十二聚体等笼形 POSS 外，还常伴有大分子量的有机硅树脂或缩合不完全的低聚体[18, 32]。此外，催化剂的结构、组成同样影响水解-缩合反应速率和产物产率。Peng 等报道了甲基丙烯酰氧基丙基三甲氧基硅烷在碱性催化剂（四甲基氢氧化铵、四甲基氢氧化铵/三乙胺）作用下的水解-缩合反应，并实时监测不同反应时间的水解程度以及笼形 POSS 产率，发现水解程度和产率均随碱催化剂用量的增加而增加[27]。当催化剂（四甲基氢氧化铵和三乙胺质量比 = 1：1）用量为 15 wt%[①]时，反应 72 h 后，笼形 T_8-POSS 的产率高达 85%，远高于四甲基氢氧化铵单独作为催化剂时的产率（60%）。

――――――――――

① wt%表示质量分数。

　　另外，水解-缩合法制备 POSS 也不局限于使用单一的硅烷偶联剂，通过利用反应速率相当的两种或多种硅烷偶联剂共水解-缩合，可以制备出兼具特定笼形结构和不同有机侧基的 POSS 分子。在这个过程中，控制硅烷偶联剂的投料比可以较为精确地控制所得 POSS 产物的有机基团种类和数量。例如，Il So 等[29]以甲基三甲氧基硅烷（MTMS）和乙烯基三甲氧基硅烷（VTMS）为原料，以丙酮为溶剂，以盐酸为催化剂，通过控制反应物投料比合成了一系列甲基乙烯基八聚体笼形 POSS 化合物。类似地，Zhang 等[30]以苯基三甲氧基硅烷（PhTMS）和甲基丙烯酰氧基丙基三甲氧基硅烷（AcTMS）为原料，以丙酮为溶剂，以氢氧化钾为催化剂，合成了一系列兼具甲基丙烯酰氧丙基和苯基的十聚体、十二聚体 POSS 混合物。

　　综上所述，POSS 的合成过程是一个高度复杂的多步骤反应过程，其复杂性主要体现在水解和缩合反应的多阶段性以及受多种因素影响的结构形成过程。为了实现对产物结构的精确控制，需要深入理解反应机理，综合考虑反应条件的影响，并采取合适的实验手段和控制策略。至于如何严格控制水解反应和缩合反应的速率以及优化合成工艺条件，需要进行大量的基础研究。只有深入了解不同条件对 POSS 性能和应用的影响，才能实现合成工艺条件的优化，从而缩短合成周期，提高产率，降低原料成本，实现工业化量产的目标。

1.1.2　顶角盖帽法

　　顶角盖帽法也称为缺角闭环法，是利用含活泼 Si—Cl 的氯硅烷与不完全缩合的缺角 POSS 反应制备低官能度 POSS 的常用方法。该制备方法产生的副产物较少、分离提纯简单，因而受到研究者的广泛关注。其中，不完全缩合的缺角 POSS 通常以强碱（NaOH、LiOH）催化 $RSiY_3$ 单体水解缩合得到。通过控制强碱的用量，可以得到单缺角和双缺角两种构型的 POSS，分别用于顶角盖帽法合成单官能度 POSS 和双/四官能度 POSS。

　　图 1-3（a）所示为顶角盖帽法合成单官能度 POSS 的普适性方法。此方法所用的不完全缩合的 POSS 在结构上呈没有完全缩合的单缺角构型，结构式可表示为 $[R_7Si_7O_9(OX)_3]$，其中 R 基团常为苯基、异丁基、3, 3, 3-三氟丙基等；OX 基团常为羟基、醇钠、醇锂等。活性 OX 基团使其极易与三氯硅烷（$R'SiCl_3$）发生反应，最终实现对单缺角 POSS 的封角[34]。由于 $R'SiCl_3$（R' 可以为氢原子、羟基、烯烃、环氧基、氯原子、氨基等）中仅有一个有机基团可供设计选择，此方法仅能合成单官能度 POSS 分子。

　　图 1-3（b）所示为顶角盖帽法合成双/四官能度 POSS 的普适性方法，因其产物具有（double-decker）双夹板结构，常称为 DDSQ 型 POSS[35]。此方法所用

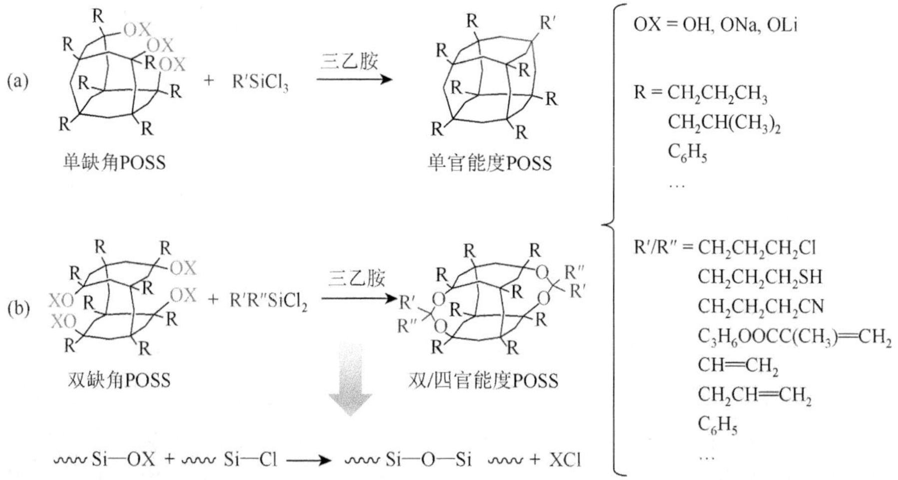

图 1-3　顶角盖帽法合成单、双、四官能度 POSS 分子

（a）单缺角 POSS 合成单官能度 POSS[34, 39]；（b）双缺角 POSS 合成双官能度[17, 35, 37]、四官能度 POSS[38]

的不完全缩合 POSS 在结构上呈双缺角构型，结构式可表示为 $[R_8Si_8O_{14}(OX)_4]$，其中 R 基常为苯基，活性 OX 基团常为羟基和醇钠。类似于单缺角 POSS 的活性，双缺角 POSS 通常可与二氯硅烷（$R'R''SiCl_2$）反应并封角，R' 与 R'' 有机基团的选择性使该方法常用于合成双官能度、四官能度 POSS 化合物。例如，Ervithayasuporn 等[36]、Walczak 等[37]和 Mituła 等[17]分别以氯丙基甲基二氯硅烷[$ClCH_2CH_2CH_2Si(CH_3)Cl_2$]、乙烯基甲基二氯硅烷[$CH_2=CHSi(CH_3)Cl_2$]、烯丙基甲基二氯硅烷[$CH_2=CHCH_2Si(CH_3)Cl_2$]与双缺角四硅醇 POSS[$Ph_8Si_8O_{14}(OH)_4$]反应，得到双官能度的氯丙基、乙烯基、烯丙基 POSS 化合物。Liu 等[38]以二乙烯基二氯硅烷、二烯丙基二氯硅烷与双缺角四硅醇钠 POSS[$Ph_8Si_8O_{14}(ONa)_4$]反应，合成了四官能度的乙烯基、烯丙基 POSS。

1.1.3　官能团衍生法

官能团衍生法即通过水解-缩合、顶角盖帽的方法首先合成具有特定有机基团的 POSS 分子，然后在保持其笼形结构稳定的基础上，通过取代、加成、氧化、还原等化学反应的一种或多种逐步修饰 Si 原子上的有机取代基，最终得到具有新的有机官能团的 POSS 衍生物的方法（图 1-4）。该方法极大地丰富了 POSS 类化合物的类型。

Tamaki 等[40]以硝酸、甲酸＋三乙胺（Pd/C 催化）先后硝化、还原八苯基 POSS，得到八氨苯基 POSS。Abbasi 等[41]以二甲胺"加成"单甲基丙烯酰氧丙基 POSS，成功合成了叔胺 POSS。类似地，Chen 和 Fu 等利用硅氢基化合物和乙烯基 POSS 之间的硅氢加成反应[24, 42]，Karuppasamy 等[43]利用巯基和甲基丙烯酸酯基的巯基-烯点击反应，均实现了对 POSS 有机侧基的功能化。马晓燕等利用威廉逊成醚[44]、酯化[45]、叠氮[46]、开环[47]等反应，成功合成出具有不同侧基（烯丙基、溴基、氯基、羟基、三甲氧基硅烷基、环氧基等）的一系列 POSS 分子。

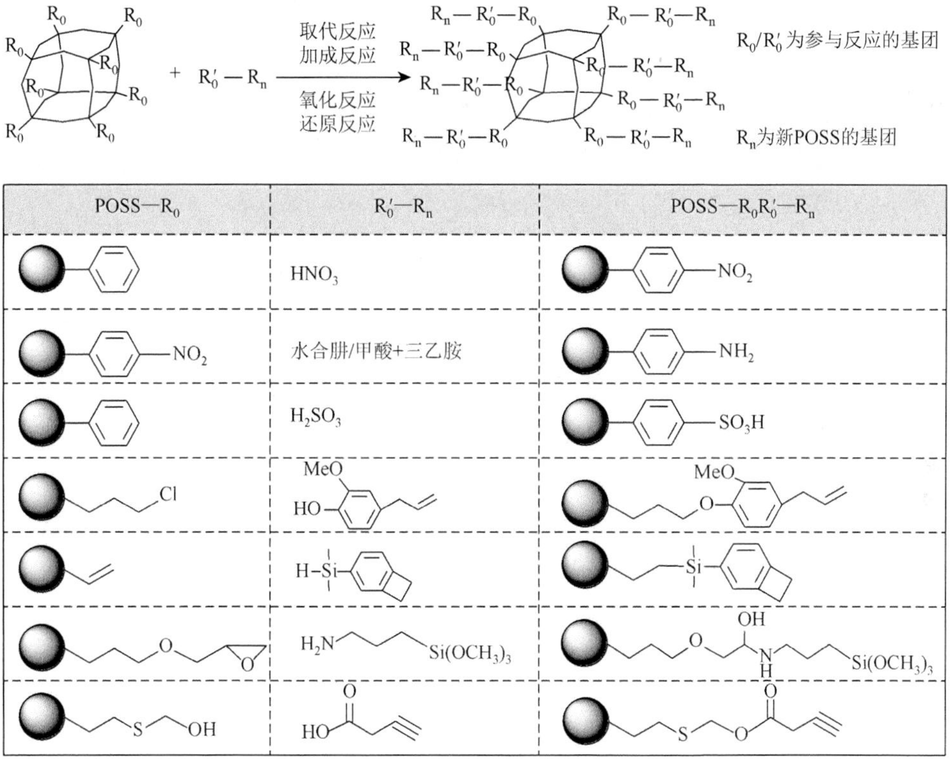

图 1-4　官能团衍生法合成具有不同有机侧基的 POSS 分子[40-42, 44-53]

R_0/R_0' 为新 POSS 的基团，R_0 为参与反应的基团

1.2　笼形 POSS 的结构

POSS 起源于有机硅树脂的合成，最初仅能确定其为分子通式为 $(RSiO_{1.5})_n$ 的混合物。随着分离技术、合成手段以及表征手段的快速发展，研究者对于 POSS 分子结构的认识不断深入。根据 POSS 分子笼结构特点，可将 POSS 主要分为闭笼形、开笼形以及畸形 POSS[54]三类（图 1-5）。

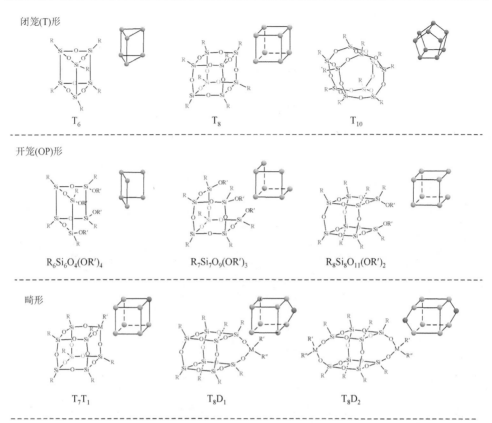

图 1-5 不同笼形结构的 POSS

1.2.1 闭笼形 POSS

闭笼形 POSS，通常由三官能度硅烷偶联剂或氯硅烷完全水解缩合得到，故也称为 T_n 型 POSS（T 代表三官能度硅烷偶联剂，n 代表笼形结构中硅原子个数）。其中，T_8-POSS 是目前研究最为广泛、合成技术最为成熟的一类，是 POSS 类化合物最为典型的代表。因其在三维空间内高度对称的原子排布，T_8-POSS 中硅原子所处的化学环境完全相同，仅受与其相连侧基的影响。例如，八苯基 POSS、八氯丙基 POSS、八乙烯基 POSS 分别只在其核磁共振硅谱（^{29}Si NMR）的 –78.47 ppm[①]、–66.4 ppm 和 –80.2 ppm 处出现一个共振吸收峰。另外，

————————————

① 1 ppm = 10^{-6}。

随着合成技术的发展，T_8-POSS 分子不再局限于单一种类的有机侧基。例如，Il So 等[29]利用共水解-缩合法合成的 T_8 型 ViM-POSS 由于同时存在甲基和乙烯基两种侧基，其相应的核磁共振硅谱分别在–60 ppm 和–80 ppm 左右出现多个 (—O)$_3$Si—CH$_3$ 和 (—O)$_3$Si—CH ═ CH$_2$ 的振动峰。

　　T_6、T_{10}、T_{12} 等笼形 POSS 一般以杂化产物的形式出现于 T_8-POSS 合成或其衍生过程中（酸/碱性条件）硅氧笼的解离重排过程，硅笼的异构化使其 Si—O 键的键长、键角发生变化，进而使 POSS 分子的笼形结构乃至宏观性质产生差异。例如，Ervithayasuporn 等[55]通过威廉逊成醚反应合成甲基丙烯酸钠功能化 T_8 型八氯丙基(OCP)-POSS，由于碱性条件下硅笼的异构化，产物中出现了 T_8、T_{10} 和 T_{12} 三种笼结构的甲基丙烯酸丙酯基（MA）-POSS。POSS 硅笼的异构化，改变了硅原子所处的化学环境，相应的核磁共振硅谱的振动峰发生变化。其中，T_8、T_{10} 型 MA-POSS 分别在–66.79 ppm 和–68.64 ppm 处出现一个信号峰，而 T_{12} 型 MA-POSS 则在–68.43 ppm 和–71.14 ppm 处出现两个信号峰。Laird 等[18]以氟化四丁基铵为催化剂，以四氢呋喃为溶剂，通过完全水解-缩合 4-乙烯基苯基三甲氧基硅烷合成了 T_8、T_{10} 和 T_{12} 三种笼结构的苯乙烯基(styryl)-POSS（产率分别为 11.8%、9.8%和 2.5%，见图 1-6），结果显示 T_8、T_{10} 型 styryl-POSS 分别在–78.19 ppm 和–79.59 ppm 处出现一个信号峰，而 T_{12} 型 styryl-POSS 则在–79.45 ppm 和–81.29 ppm 处出现两个信号峰。

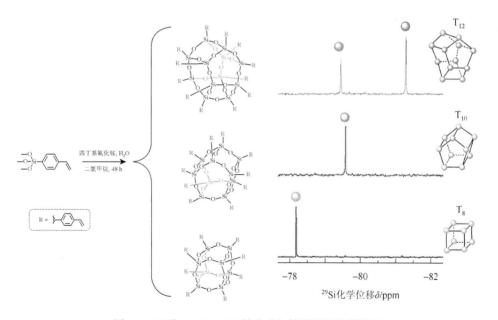

图 1-6　T 型 styryl-POSS 的合成与核磁共振硅谱数据

随后，Laird 等[56]从产物中分离出迄今为止最大的 T_{18} 型 styryl-POSS 纯品化合物（非晶态），并报道了环应变模型，用于预测 T 型 POSS 中硅原子的化学位移。具体是将 POSS 硅笼结构看作由 4-, 5-, 6-Si 原子环构筑而成，并将其视为决定硅原子化学环境的关键指标，如式（1-1）所示：

$$\delta_{预测} = A \cdot n_{4\text{-Si原子环}} + B \cdot n_{5\text{-Si原子环}} + C \cdot n_{6\text{-Si原子环}} + D \qquad (1\text{-}1)$$

式中，A、B、C 分别为 4-, 5-, 6-Si 原子环对硅原子化学环境影响的量化指前因子；n 为 Si 原子处于 4-, 5-, 6-Si 原子环的个数；D 为常量。根据确定结构的 T_8、T_{10} 和 T_{12} 型 styryl-POSS 中硅原子的化学位移，计算出 styryl-POSS 的 A、B、C、D 分别为 1.747、0.314、2.023、−83.410。并由此，从 T_{18} 型 styryl-POSS 可能的 9 种构型中确定出其准确构型（图 1-7）。

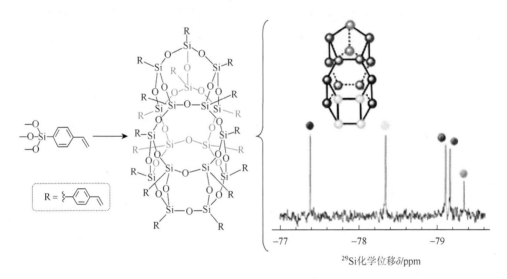

^{29}Si化学位移δ/ppm

图 1-7　T_{18} 型 styryl-POSS 的结构数据及其笼形预测模型[18, 58]

1.2.2　开笼形 POSS

开笼形 POSS 是保证笼形中空结构的同时，部分 Si—O—Si 键打开的一类特殊结构 POSS 化合物，通常以强碱（LiOH 或 NaOH）为催化剂，控制硅氧烷单体的缩合反应不完全发生得到，因此也被称为不完全缩合型(IC)-POSS。比较普遍的开笼形 POSS 有 $R_7Si_7O_9(OX)_3$、$R_8Si_8O_{11}(OX)_2$、$R_8Si_8O_{10}(OX)_4$ 等，其中 R 基通常为乙基、异丁基、苯基、环戊基、环己基、环庚基等惰性有机基团；X 则常为 H、Na、Li 等活性基团。如图 1-8（a）所示，Ye 等[57]在氢氧化锂和盐酸的催化作用下合成了苯基、异丁基、异辛基三硅醇开笼 POSS。由于此类 POSS 的完全非对称性，其硅笼中的硅原子存在三种不同的化学环境，相应的核磁共振硅谱中均出现三个不同的硅信号峰[图 1-8（c）]。另外，利用活性 OX 基团的反应性，开笼形 POSS 可通过亲核取代反应使其活性基团得到衍生，极大丰富了开笼形 POSS 的类型。例如，Zeng 等[58] 以烯丙基溴 $BrCH_2CH \!=\! CH_2$ 功能化 $Ph_7Si_7O_9(ONa)_3$ 合成了三烯丙基开笼 $Ph_7Si_7O_9(OCH_2CH \!=\! CH_2)_3$。类似地，Qiu 等[59] 和 Zhang 等[60] 分别以二甲基乙烯基氯硅烷和二甲基氯硅烷功能化 $Ph_8Si_8O_{10}(ONa)_4$ 合成了八苯基四乙烯基开笼 $Ph_8Si_8O_{10}[OSi(CH_3)_2CH \!=\! CH_2]_4$ 和八苯基四氢基开笼 $Ph_8Si_8O_{10}[OSi(CH_3)_2H]_4$。由于这类开笼形 POSS 具有较对称的笼形结构，其笼内的硅原子仅存在两种不同的化学环境[图 1-8（b）]。

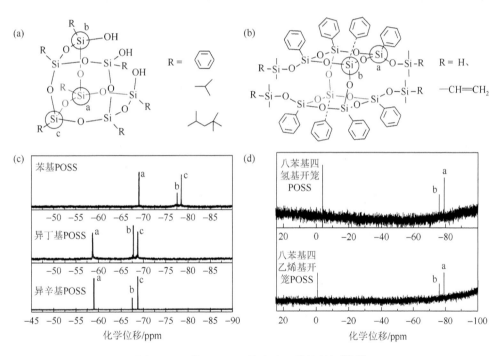

图 1-8　开笼形 POSS 的合成、结构数据[59, 60]

（a）苯基、异丁基、异辛基三硅醇开笼 POSS 的结构；（b）八苯基四氢基、八苯基四乙烯基开笼 POSS 的结构；（c）苯基、异丁基、异辛基三硅醇开笼 POSS 的核磁共振硅谱数据；（d）八苯基四氢基、八苯基四乙烯基开笼 POSS 的核磁共振硅谱数据

1.2.3　畸形 POSS

畸形 POSS 是通过顶角盖帽法得到的一类具有特殊笼状结构的 POSS 化合物，

常利用多氯硅烷、多烷氧基硅烷封角开笼形 POSS 制成。如图 1-9（a）所示，Zeng 等[39]利用顶角盖帽法将 3-氰丙基三氯硅烷封角开笼形$(CF_3CH_2CH_2)_7Si_7O_9(ONa)_3$，合成了类 T_8 结构的 3-氰丙基(3, 3, 3-三氟丙基)畸形 POSS，非对称结构使其笼中硅原子存在于三种不同的化学环境。Ervithayasuporn 等[36]利用氯丙基二氯硅烷封角 $Ph_8Si_8O_{10}(ONa)_4$，合成了二氯丙基八苯基 POSS，相应地，较为对称的

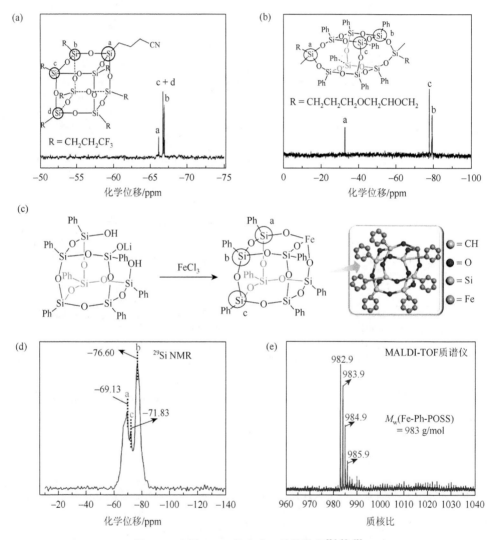

图 1-9　畸形 POSS 的合成、结构数据[36, 39, 62]

（a）3-氰丙基（3, 3, 3-三氟丙基）畸形 POSS 的核磁共振硅谱数据；（b）3, 13-二缩水甘油醚基（八苯基）畸形 POSS 的核磁共振硅谱数据；（c）畸形含铁 POSS 的合成；（d）畸形含铁 POSS 的核磁共振硅谱数据；（e）畸形含铁 POSS 的质谱数据

结构使其笼中硅原子存在于两种不同的化学环境。另外，随着催化、阻燃等领域对纳米级金属元素的需求，多氯金属化合物也常用于封角开笼 POSS，以合成含金属元素的畸形 POSS 纳米分子[15, 61, 62]。如图 1-9（c）～（e）所示，Ye 等[62]利用 $FeCl_3$ 封角开笼 $Ph_7Si_7O_9(OH)_2OLi$，合成了含铁的畸形 POSS$[Ph_7Si_7O_9Fe]$。与 3-氰丙基(3, 3, 3-三氟丙基)POSS 相比，吸电子 Fe^{3+} 的存在使其笼内硅原子的化学位移增加。

参 考 文 献

[1] Scott D W. Thermal rearrangement of branched-chain methylpolysiloxanes. Journal of the American Chemical Society，1946，68（3）：356-358.

[2] Sprung M M，Guenther F O. The partial hydrolysis of methyltriethoxysilane. Journal of the American Chemical Society，1955，77（15）：3990-3996.

[3] Barry A J，Daudt W H，Domicone J J，et al. Crystalline organosilsesquioxanes. Journal of the American Chemical Society，1955，77（16）：4248-4252.

[4] Müller R，Köhne R，Sliwinski S. Über silikone. XLVII. ein definiertes siloxan aus siliciumchloroform. Journal für Praktische Chemie，1959，9（1-2）：71-74.

[5] Frye C L，Collins W T. Oligomeric silsequioxanes，$(HSiO_{3/2})_n$. Journal of the American Chemical Society，1970，92（19）：5586-5588.

[6] Voronkov M G，Lavrentyev V I. Polyhedral oligosilsesquioxanes and their homo derivatives. Topics in Current Chemistry，1982，102：199-236.

[7] Agaskar P A. New synthetic route to the hydridospherosiloxanes O_h-$H_8Si_8O_{12}$ and D_{5h}-$H_{10}Si_{10}O_{15}$. Inorganic Chemistry，1991，30（13）：2707-2708.

[8] Agaskar P A，Day V W，Klemperer W G. A new route to trimethylsilylated spherosilicates-synthesis and structure of $[Si_{12}O_{18}](OSiMe_3)_{12}$，$D_{3h}$-$[Si_{14}O_{21}](OSiMe_3)_{14}$，and C_{2v}-$[Si_{14}O_{21}](OSiMe_3)_{14}$. Journal of the American Chemical Society，1987，18（109）：5554-5556.

[9] Feher F J，Newman D A，Walzer J F. Silsesquioxanes as models for silica surfaces. Journal of the American Chemical Society，1989，111（5）：1741-1748.

[10] Feher F J，Soulivong D，Eklund A G，et al. Cross-metathesis of alkenes with vinyl-substituted silsesquioxanes and spherosilicates：A new method for synthesizing highly-functionalized Si/O frameworks. Chemical Communications，1997，（13）：1185-1186.

[11] Feher F J，Phillips S H，Ziller J W. Facile and remarkably selective substitution reactions involving framework silicon atoms in silsesquioxane frameworks. Journal of the American Chemical Society，1997，119（14）：3397-3398.

[12] Choi J，Harcup J，Yee A F，et al. Organic/inorganic hybrid composites from cubic silsesquioxanes. Journal of the American Chemical Society，2001，123：11420-11430.

[13] Costa R O R，Vasconcelos W L，Tamaki R，et al. Organic/inorganic nanocomposite star polymers via atom transfer radical polymerization of methyl methacrylate using octafunctional silsesquioxane cores. Macromolecules，2001，34：5398-5407.

[14] Zhai C C，Xin F，Cai L Y，et al. Flame retardancy and pyrolysis behavior of an epoxy resin composite

flame-retarded by diphenylphosphinyl-POSS. Polymer Engineering and Science, 2020, 60 (12): 3024-3035.

[15] Zeng B R, He K B, Wu H Y, et al. Zirconium-embedded polyhedral oligomeric silsesquioxane containing phosphaphenanthrene-substituent group used as flame retardants for epoxy resin composites. Macromolecular Materials and Engineering, 2021, 306 (6): 2100012.

[16] Ye Y S, Chen W Y, Wang Y Z. Synthesis and properties of low-dielectric-constant polyimides with introduced reactive fluorine polyhedral oligomeric silsesquioxanes. Journal of Polymer Science Part A: Polymer Chemistry, 2006, 44 (18): 5391-5402.

[17] Mituła K, Dudziec B, Marciniec B. Synthesis of dialkenyl-substituted double-decker silsesquioxanes as precursors for linear copolymeric systems. Journal of Inorganic and Organometallic Polymers and Materials, 2017, 28 (2): 500-507.

[18] Laird M, van der Lee A, Dumitrescu D G, et al. Styryl-functionalized cage silsesquioxanes as nanoblocks for 3-D assembly. Organometallics, 2020, 39 (10): 1896-1906.

[19] Wang X M, Guo Q Y, Han S Y, et al. Stochastic/controlled symmetry breaking of the T_8-POSS cages toward multifunctional regioisomeric nanobuilding blocks. Chemistry, 2015, 21 (43): 15246-15255.

[20] Rahimifard M, Ziarani G M, Badiei A, et al. Synthesis of polyhedral oligomeric silsesquioxane (POSS) with multifunctional sulfonamide groups through click chemistry. Journal of Inorganic and Organometallic Polymers and Materials, 2017, 27 (4): 1037-1044.

[21] Li Z, Hu J F, Yang L, et al. Integrated POSS-dendrimer nanohybrid materials: Current status and future perspective. Nanoscale, 2020, 12 (21): 11395-11415.

[22] An S, Hao A, Xing P. Polyhedral oligosilsesquioxanes in functional chiral nanoassemblies. Angewandte Chemie International Edition, 2021, 60 (18): 9902-9912.

[23] Mohamed M G, Kuo S W. Progress in the self-assembly of organic/inorganic polyhedral oligomeric silsesquioxane (POSS) hybrids. Soft Matter, 2022, 18 (30): 5535-5561.

[24] Chen D Z, Yi S P, Wu W B, et al. Synthesis and characterization of novel room temperature vulcanized (RTV) silicone rubbers using vinyl-POSS derivatives as cross linking agents. Polymer, 2010, 51 (17): 3867-3878.

[25] Dittmar U, Hendan B J, Flörke U, et al. Funktionalisierte octa-(propylsilsesquioxane)(3-XC_3H_6)$_8$(Si$_8$O$_{12}$) modellverbindungen für oberflächenmodifizierte kieselgele. Journal of Organometallic Chemistry, 1995, 489(1): 185-194.

[26] Feghhi M, Rezaie J, Akbari A, et al. Effect of multi-functional polyhydroxylated polyhedral oligomeric silsesquioxane (POSS) nanoparticles on the angiogenesis and exosome biogenesis in human umbilical vein endothelial cells (HUVECs). Materials & Design, 2021, 197: 109227.

[27] Peng J, Xu K, Cai H L, et al. Can an intact and crystalline octakis (methacryloxypropyl)silsesquioxane be prepared by hydrolysis-condensation of a trimethoxysilane precursor? RSC Advances, 2014, 4 (14): 7124.

[28] Hou H, Li J, Li X, et al. Interfacial activity of amine-functionalized polyhedral oligomeric silsesquioxanes (POSS): A simple strategy to structure liquids. Angewandte Chemie International Edition, 2019, 58 (30): 10142-10147.

[29] Il So J, Shin D H, Kim J B, et al. One-pot synthesis of bifunctional polyhedral oligomeric silsesquioxane: Full spectrum ratio of vinyl groups from 0 to 100%. Journal of Industrial and Engineering Chemistry, 2022, 113: 502-512.

[30] Zhang W W, Zhang X, Qin Z L, et al. High-transparency polysilsesquioxane/glycidyl-azide-polymer resin and its fiberglass-reinforced composites with excellent fire resistance, mechanical properties, and water resistance. Composites Part B: Engineering, 2021, 219: 108913.

[31] Lin H, Wan X, Jiang X S, et al. A nanoimprint lithography hybrid photoresist based on the thiol-ene system. Advanced Functional Materials, 2011, 21 (15): 2960-2967.

[32] Furgal J C, Goodson Iii T, Laine R M. D_{5h} [PhSiO$_{1.5}$]$_{10}$ synthesis via F$^-$ catalyzed rearrangement of [PhSiO$_{1.5}$]$_n$. An experimental/computational analysis of likely reaction pathways. Dalton Transactions, 2015, 45 (3): 1025-1039.

[33] Zhang Z W, Tian D, Niu Z Q, et al. Enhanced toughness and lowered dielectric loss of reactive POSS modified bismaleimide resin as well as the silica fiber reinforced composites. Polymer Composites, 2021, 42 (12): 6900-6911.

[34] Jin L, Hong C, Li X, et al. Corner-opening and corner-capping of mono-substituted T$_8$ POSS: Product distribution and isomerization. Chemical Communications, 2022, 58 (10): 1573-1576.

[35] Rzonsowska M, Mituła K, Duszczak J, et al. Unexpected and frustrating transformations of double-decker silsesquioxanes. Inorganic Chemistry Frontiers, 2022, 9 (2): 379-390.

[36] Ervithayasuporn V, Wang X, Kawakami Y. Synthesis and characterization of highly pure azido-functionalized polyhedral oligomeric silsesquioxanes (POSS). Chemical Communications, 2009, (34): 5130-5132.

[37] Walczak M, Januszewski R, Majchrzak M, et al. Unusual cis and trans architecture of dihydrofunctional double-decker shaped silsesquioxane and synthesis of its ethyl bridged π-conjugated arene derivatives. New Journal of Chemistry, 2017, 41 (9): 3290-3296.

[38] Liu Y, Takeda N, Ouali A, et al. Synthesis, characterization, and functionalization of tetrafunctional double-decker siloxanes. Inorganic Chemistry, 2019, 58 (7): 4093-4098.

[39] Zeng K, Wang L, Zheng S X. Nanostructures and surface hydrophobicity of epoxy thermosets containing hepta (3, 3, 3-trifluropropyl) polyhedral oligomeric silsesquioxane-capped poly (hydroxyether of bisphenol A) telechelics. Journal of Colloid and Interface Science, 2011, 363 (1): 250-260.

[40] Tamaki R, Tanaka Y, Asuncion M Z, et al. Octa (aminophenyl) silsesquioxane as a nanoconstruction site. Journal of the American Chemical Society, 2001, 123: 12416-12417.

[41] Abbasi M R, Karimi M, Atai M. Modified POSS nano-structures as novel co-initiator-crosslinker: Synthesis and characterization. Dental Materials, 2021, 37 (8): 1283-1294.

[42] Zhou D L, Wang X, Qu W C, et al. Linker engineering of larger POSS-based ultra-low-k dielectrics toward outstanding comprehensive properties. Giant, 2023, 14: 100146.

[43] Karuppasamy K, Prasanna K, Vikraman D, et al. A rapid one-pot synthesis of novel high-purity methacrylic phosphonic acid (PA)-based polyhedral oligomeric silsesquioxane (POSS) frameworks via thiol-ene click reaction. Polymers, 2017, 9 (12): 192.

[44] Zhang Z W, Zhou Y J, Cai L F, et al. Synthesis of eugenol-functionalized polyhedral oligomer silsesquioxane for low-k bismaleimide resin combined with excellent mechanical and thermal properties as well as its composite reinforced by silicon fiber. Chemical Engineering Journal, 2022, 439: 135740.

[45] Ma J Y, Ma X Y, Zhang Q, et al. Star-shaped polyethylene glycol methyl ether methacrylate-co-polyhedral oligomeric silsesquioxane modified poly(ethylene oxide) -based solid polymer electrolyte for lithium secondary

battery. Solid State Ionics，2022，380：115923.

[46]　Ma J Y，Zhang M，Luo C C，et al. Polyethylene glycol functionalized polyhedral cage silsesquioxane as all solid-state polymer electrolyte for lithium metal batteries. Solid State Ionics，2021，363：115606.

[47]　Liu H D，Zhu G M，Zhang C S. Promoted ablation resistance of polydimethylsiloxane via crosslinking with multi-ethoxy POSS. Composites Part B：Engineering，2020，190，107901.

[48]　Luo K J，Song G C，Wang Y，et al. Low-k and recyclable high-performance POSS/polyamide composites based on diels-alder reaction. ACS Applied Polymer Materials，2019，1（5）：944-952.

[49]　Chen M，Zhang Y，Zhang W，et al. Polyhedral oligomeric silsesquioxane-incorporated gelatin hydrogel promotes angiogenesis during vascularized bone regeneration. ACS Applied Materials & Interfaces，2020，12（20）：22410-22425.

[50]　Liu T，Zhao H C，Li J Y，et al. POSS-tetraaniline based giant molecule：Synthesis，self-assembly，and active corrosion protection of epoxy-based organic coatings. Corrosion Science，2020，168：108555.

[51]　Zhang Y，Yue T，Cao H L，et al. Photocontrollable supramolecular self-assembly of a porphyrin derivative that contains a polyhedral oligomeric silsesquioxane (POSS). Asian Journal of Organic Chemistry，2017，6（8）：1034-1042.

[52]　Wang J，Sun J，Zhou J，et al. Fluorinated and thermo-cross-linked polyhedral oligomeric silsesquioxanes：New organic-inorganic hybrid materials for high-performance dielectric application. ACS Applied Materials & Interfaces，2017，9（14）：12782-12790.

[53]　Li Z，Zhang J H，Fu Y，et al. Antioxidant shape amphiphiles for accelerated wound healing. Journal of Materials Chemistry B，2020，8（31）：7018-7023.

[54]　Ramirez S M，Diaz Y J，Campos R，et al. Incompletely condensed fluoroalkyl silsesquioxanes and derivatives：Precursors for low surface energy materials. Journal of the American Chemical Society，2011，133（50）：20084-20087.

[55]　Ervithayasuporn V，Chimjarn S. Synthesis and isolation of methacrylate-and acrylate-functionalized polyhedral oligomeric silsesquioxanes (T_8，T_{10}，and T_{12}) and characterization of the relationship between their chemical structures and physical properties. Inorganic Chemistry，2013，52（22）：13108-13112.

[56]　Laird M，Herrmann N，Ramsahye N，et al. Large polyhedral oligomeric silsesquioxane cages：The isolation of functionalized POSS with an unprecedented $Si_{18}O_{27}$ core. Angewandte Chemie-International Edition，2021，60（6）：3022-3027.

[57]　Ye M F，Wu Y W，Zhang W C，et al. Synthesis of incompletely caged silsesquioxane (T_7-POSS) compounds via a versatile three-step approach. Research on Chemical Intermediates，2018，44（7）：4277-4294.

[58]　Zeng L，Liang G Z，Gu A J，et al. High performance hybrids based on a novel incompletely condensed polyhedral oligomeric silsesquioxane and bismaleimide resin with improved thermal and dielectric properties. Journal of Materials Science，2012；47（6）：2548-2558.

[59]　Qiu J J，Xu S，Liu N，et al. Organic-inorganic polyimide nanocomposites containing a tetrafunctional polyhedral oligomeric silsesquioxane amine：Synthesis，morphology and thermomechanical properties. Polymer International，2018，67（3）：301-312.

[60]　Zhang Z W，Zhou Y J，Yang Y，et al. Synthesis of tetra(epoxy)-terminated open-cage POSS and its particle thermo-crosslinking with diphenols for fabricating high performance low-k composites adopted in electronic

packaging. Composites Science and Technology，2023，231：109825.

[61]　Carniato F，Boccaleri E，Marchese L，et al. Synthesis and characterisation of metal isobutylsilsesquioxanes and their role as inorganic-organic nanoadditives for enhancing polymer thermal stability. European Journal of Inorganic Chemistry，2007，2007（4）：585-591.

[62]　Ye X M，Meng X N，Han Z Q，et al. Designing Fe-containing polyhedral oligomeric silsesquioxane to endow superior mechanical and flame-retardant performances of polyamide 1010. Composites Science and Technology，2023，233：109894.

第 2 章　精确结构 POSS 杂化聚合物的合成

在 20 世纪初期，Meads 和 Kipping[1]发现硅酸缩聚可以生成复杂的硅氧烷混合物。1946 年，Scott[2]通过水解甲基三氯硅烷和二甲基氯硅烷得到的聚合产物经热分解分离出 POSS 和其他挥发性化合物，制备出了第一个真正意义上的 POSS 分子。20 世纪 90 年代前后，Feher 等[3-5]在探索合成方法、提高 POSS 产率方面做了很多重要的改进。近半个世纪来，POSS 分子不仅在结构上衍生出了无规结构、笼形、梯形、半笼形等各种各样的结构，其取代基团（R 基）的创新也在不断发展。这些 R 基不仅可以是氢、烷基、苯环等化学惰性基团，还可以是氨基、羧基、环氧基等化学活性基团，这种结构的多样性使 POSS 分子在聚合物中的应用更加灵活和广泛。最初的 POSS 杂化聚合物在合成时常面临分子量分散和结构难以控制的问题，然而，随着可控/活性自由基聚合和点击化学等活性聚合方法的问世与应用，含有机基团的 POSS 分子现可用作反应的引发剂或聚合单体，以实现精确控制，形成具有确定尺寸和特定拓扑结构的含 POSS 单体独立单元的序列结构。至今，已经能够制备出多种具有丰富链结构的 POSS 杂化聚合物，图 2-1 列出了精确结构 POSS 杂化聚合物的发展历程。

2.1　POSS 杂化聚合物的结构

目前，利用先进的合成方法，如离子聚合、活性自由基聚合和点击反应，已经成功开发出了各种结构的 POSS 杂化聚合物。通过选择合适的合成策略，可以精确调控 POSS 在杂化聚合物链中的位置，如交联点、端基或主链上的一部分。基于 POSS 在聚合物中的位置差别，POSS 杂化聚合物可分为四种主要类型（图 2-2）：①遥爪型，即将 POSS 单元接到聚合物末端；②星形，其中 POSS 单元位于聚合物的核心或连接到星状聚合物的其中一个臂上，可进一步细分为对称星形和非对称星形；③支链型，POSS 连接到聚合物的侧链上；④复杂链结构型，包括多头、多尾、超支化和交联等结构。

每种主要类型根据化学组成、块序列、拓扑结构以及 POSS 核数量的变化，进一步分为几个子类。在后文中，将逐一讨论 POSS 分子作为构筑单元及利用活

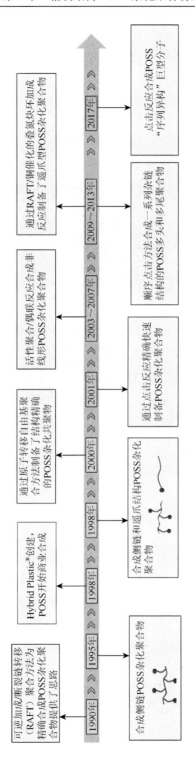

图2-1 精确结构POSS杂化聚合物的发展历程[1-2]

性聚合技术合成精确结构的 POSS 杂化聚合物的研究进展，以推动杂化聚合物结构设计方法的创新，并探索其在潜在应用领域的发展。

图 2-2　不同类型的 POSS 杂化聚合物链拓扑结构[6]

2.2　精确结构 POSS 杂化聚合物的基本合成策略：可控/活性自由基聚合

在 POSS 杂化聚合物的发展初期，通常采用带有非反应性基团，如甲基、异丁基、环戊基、环己基和苯基的 POSS 分子作为纳米填料改善聚合物的热性能和力学性能[6]。后来，研究者发现通过合理设计官能团，能够合成具有不同拓扑结构的 POSS 杂化聚合物。此后，利用传统的自由基、阴离子或阳离子聚合等技术，制备了许多具有较宽分子量分布和特殊物理性能的商业化 POSS 聚合物。虽然这些技术可以从多种单体出发合成许多结构各异的杂化聚合物，但杂化聚合物中 POSS 的功能主要是通过其独特的链结构实现的，而仅利用传统的合成技术实现前文所述的调控 POSS 在聚合物中精确位置的杂化聚合物仍存在较大的局限性。

　　20 世纪后期，活性自由基聚合的发展与应用为设计和合成具有精确结构 POSS 杂化聚合物提供了强大的聚合方法支持及灵活的合成策略。1956 年，Michael Szwarc 首创了一种活性聚合方法，能够控制聚合物的结构，包括分子量、分子量分布（多分散性）、功能基团和组成，并且该方法可以最小化链增长反应提前终止的概率，确保分子量随时间线性增长，直到所有单体消耗完毕或反应人为终止[8]。此后，科学家进一步探索了烯类单体的活性阴离子聚合。随后，在 1984 年 Faust 和 Dennedy 等首次发现了异丁烯的阳离子聚合[8]。进入 20 世纪 90 年代，科学家进一步发现了活性自由基聚合（LRP），也称为可控自由基聚合（CRP），此技术不仅能控制聚合物的分子量和实现更窄的分子量分布，还可以进行端基官能化、立体结构设计、嵌段共聚物以及接枝共聚物的制备等，极大地实现了对 POSS 杂化聚合物结构的精确控制。

　　在可控/活性自由基聚合（CLRP）领域，根据体系内活性增长自由基与休眠种之间的相互转化机理，常用的可控/活性自由基聚合可分为原子转移自由基聚合（ATRP）、可逆加成-断裂链转移（RAFT）聚合和氮氧化物稳定自由基聚合（NMRP）三种，这些方法都适用于 POSS 基元的聚合，并在多种应用领域中展现出结构设计的多样性。特别是借助 ATRP 和 RAFT 技术，POSS 单元可以可控且灵活地引入聚合物链。例如，ATRP 可以用于在聚合物链末端精确地引入 POSS 单元形成遥爪型结构，而 RAFT 技术可以便捷地在聚合物的侧链上引入 POSS 单元形成侧链型结构。这两种技术都可以在聚合过程中通过调节催化剂和单体的比例调控聚合度，以实现对聚合物分子量的精确控制。进一步地，更高级的可控活性聚合技术如 NMRP 及其与点击反应的结合，可以用于设计和合成具有复杂拓扑结构的聚合物，如星形、笼形、多臂形或网络结构。这些可控/活性自由基聚合技术使研究人员能够根据不同的应用需求精确调控 POSS 杂化聚合物的结构和功能，提高了材料结构设计的多样性，也极大地拓展了杂化聚合物的应用领域。

　　在这一过程中，功能化的 POSS 分子是获得精确结构 POSS 杂化聚合物的重要的独立构筑单元。随着可控/活性自由基聚合的快速发展及其与点击反应结合的可行性，研究人员已经从商业 POSS 分子出发，通过对其进行功能化合成出多种不同类型的 POSS 构筑单元，主要包括 POSS ATRP 引发剂[7]、POSS RAFT 试剂[8]、POSS 单体[9-11]和可进行点击反应的 POSS[12]。在本节中，将主要讨论基于可控/活性自由基聚合的策略，设计合成具有精确结构的 POSS 杂化聚合物。

2.2.1　POSS 作原子转移自由基聚合引发剂合成杂化聚合物

　　ATRP 是一种反应条件温和、适用单体范围广泛且聚合方法多样的合成技术，可用于精确设计合成具有不同拓扑结构的功能性聚合物，如嵌段、梳形、星形、梯形及遥爪聚合物。ATRP 反应体系通常由单体、引发剂和催化剂三部分组成，其中催化剂和引发剂种类的选择是聚合反应活性的主要影响因素，需要根据聚合体系中的单体结构进行选择。此外，添加剂、溶剂和温度等因素也会对聚合反应的速率和可控性产生影响。

ATRP 反应的引发剂通常为含有共轭取代基团的有机卤代烃，如烯丙基（—CH_2—CH＝CH_2）、甲基（—CH_3）、芳基（—Ph）、酯基[—C(OO)R]或氰基（—CN）等。引发剂的活性取决于取代基团的种类、数目及碳卤键的键能等。除自身结构因素外，引发剂的聚合反应活性还与单体的结构密切相关，一般原则是选取与单体结构类似的卤代烃作为引发剂。此外，聚合反应完成后，引发剂的卤素原子保留在聚合物末端，可继续引发单体发生聚合反应，使 ATRP 合成的聚合物具备活性特征。

自 1995 年 Matyjaszewski 等首次采用 ATRP 方法制备了精确结构 POSS 杂化聚合物以来[13]，ATRP 已成为合成各种结构的 POSS 杂化聚合物（如遥爪型[13-15]、侧链型[16]和星形聚合物[17]）的重要方法之一。在制备 POSS 杂化聚合物的过程中，最成熟的 ATRP 合成策略是使用 POSS ATRP 引发剂作为构筑单元。图 2-3 展示了两种典型的以 POSS 为 ATRP 引发剂的合成路线，即从八官能度和单官能度的商业 POSS 化合物到具有不同拓扑结构的 POSS 杂化聚合物，其中，R_0 代表商业八官能度 POSS 化合物的取代基，R_1 和 R_2 分别代表单官能度 POSS 化合物的反应性和非反应性取代基，R_0' 和 R_1' 分别代表八官能度和单官能度 POSS ATRP 引发剂的相应功能性取代基团。

图 2-3 左图展示了从一系列不同结构的八官能度商业 POSS 化合物[POSS-$(R_0)_8$]出发，合成一系列具有多卤素末端取代基的八官能度 POSS ATRP 引发剂[POSS-$(R_0')_8$]的过程。其中，典型的八官能度商业 POSS 化合物包括八(二甲基硅氧基)POSS[18]、八(3-氨丙基)POSS 八氯化物[19]、八(二溴乙基)POSS[20]、八(γ-氯丙基）POSS[21]和八乙烯基 POSS[22]。

使用上述不同种类的八官能度 POSS ATRP 引发剂[POSS-$(R_0')_8$]和各种乙烯基单体作为聚合单元，可合成各种星形 POSS 杂化均聚物。例如，Yang 等[22]采用八乙烯基 POSS 和 2-溴-2-甲基丙酸-2-(2-羟乙基二磺酰基)乙酯(BIBSS-OH)，合成了一种 POSS 大分子 ATRP 引发剂[POSS-$(SS-Br)_8$]，然后使用该引发剂和甲基丙烯酸(2-二甲基氨基)乙酯单体合成了星形聚合物 POSS(SS-PDMAEMA)$_8$ **1**。同样，Zelmer 等[23]使用 POSS-Br_8 作为引发剂与丙烯酸叔丁酯聚合，再通过三氟乙酸水解制备了星形聚合物 POSS 共聚丙烯酸[POSS-$(PAA)_8$ **2**]。马晓燕等则以八

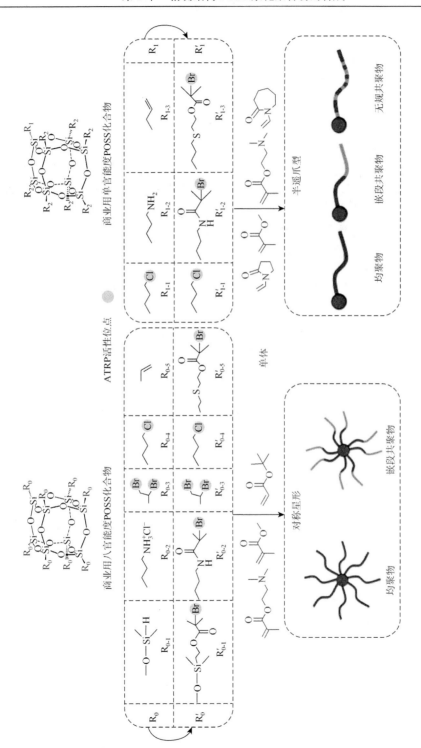

图2-3　两种典型的以POSS为ATRP引发剂的合成路线[18-21]

氯丙基 POSS（POSS-Cl$_8$）为引发剂，分别以甲基丙烯酸甲酯（MMA）、甲基丙烯酸丁酯（BMA）、甲基丙烯酸月桂酯（LMA）和甲基丙烯酸硬脂酸酯（SMA）为单体,合成了一系列星形 POSS 甲基丙烯酸酯杂化均聚物 POSS-(PMMA-Cl)$_8$ **3**、POSS(PBMA-Cl)$_8$ **4**、POSS-(PLMA-Cl)$_8$ **5** 和 POSS-(PSMA-Cl)$_8$ **6**[21]。

另外，当涉及两种或更多单体时，使用卤素取代基的 POSS 均聚物作为 ATRP 引发剂，可以定向制备星形 POSS 共聚物。通过精选功能性单体并设计合成路线，成功获得了具有各种臂结构的星形 POSS 杂化共聚物。例如，Pu 等[17]首先用 α-溴异丁酰溴（BIBB）改性八(3-氨丙基)POSS 八氯化物[POSS-(NH$_2$HCl)$_8$]，然后依次加入甲基丙烯酸-2-(二甲氨基)乙酯（DMA）和[2-(甲基丙烯酰氧基)乙基]二甲基-(3-磺丙基)氢氧化铵单体，制备了 POSS-Br$_8$，并将其作为 ATRP 引发剂合成了星形嵌段共聚物 POSS-g-(PDMA-b-Psulfo)$_8$ **7**。

另外，采用具有单卤素末端取代基的 POSS ATRP 引发剂，也可以合成半遥爪型 POSS 杂化聚合物。图 2-3 的右侧展示了从商业单官能度 POSS 化合物（如 γ-氯丙基 POSS、氨基 POSS 和乙烯基 POSS）获得功能性半遥爪型 POSS 杂化聚合物的演变路线。通过选择不同的乙烯基单体，并控制单体的类型和加料顺序，可以合成各种各样的均聚物、嵌段共聚物和无规共聚物[24]。例如，Ma 等[25]通过使用 POSS-Br 作为 ATRP 引发剂合成了一系列具有不同分子量的光响应半遥爪型 POSS-聚(含螺吡喃的甲基丙烯酸酯)POSS-PSPMA **8** 聚合物,这些聚合物在甲苯中能够在紫外和可见光照射下可逆自组装成聚集体，成为构建特殊结构的通用纳米构筑单元。最近，Li 等[26]通过在合成过程中加入 ATRP 引发剂（POSS-Br）和三种不同的功能单体[N-乙烯基己内酰胺（VCap）、甲基丙烯酸磺胺（SBMA）和 N-乙烯基吡咯烷酮（VP）]随机合成了无规 POSS-poly(VCap-co-VP-co-SBMA) **9** 共聚物，这种两亲性共聚物在管道运输过程中抑制气体水合物的形成方面具有潜在的应用价值。

2.2.2　POSS 作可逆加成-断裂转移聚合试剂合成杂化聚合物

19 世纪 70 年代，科学家 Rizzardo Kasei 首次提出了加成-断裂链转移反应的概念[8]。进入 20 世纪 80 年代，研究者发现了可以用作链转移试剂的大分子单体，并且实现了反应过程可逆，但当时这种方法在控制自由基聚合方面的广泛适用性还未得到验证。直到 1995 年，研究者发现在链平衡状态中存在类似的链转移过程，从而开始意识到链转移产物具有类似于链转移试剂的性质。1998 年，Thang 等首次利用二硫酯类试剂作为可控/活性 RAFT 的链转移剂，标志着 RAFT 开始发展成为最重要的一种可控/活性自由基聚合方法[9]。

RAFT 聚合过程包括以下几个步骤：链引发、链转移、再引发、链平衡和链增长、链终止。链引发过程中，引发剂分解生成初级自由基，并与单体反应产生增长自由基 Pn·。链转移过程中，增长自由基 Pn· 与 RAFT 试剂中的二硫酯的碳硫双键发生反应，生成自由基中间体，这种中间体既可以进行可逆反应，又可以分解成休眠种大分子聚合物和活性自由基 R·。再引发过程中，活性自由基 R·继续与单体反应，生成聚合物自由基。链平衡过程中，由于生成的休眠种大分子聚合物末端也含有二硫酯结构，它可以作为大分子 RAFT 试剂继续参与反应，也可继续分解成新的 RAFT 试剂和大分子活性自由基 Pn·。链终止过程中，两个活性自由基相遇发生双基终止，形成最终的聚合物。

RAFT 聚合的主要优点包括：可以控制大多数可进行自由基聚合的单体的聚合，如甲基丙烯酸酯、甲基丙烯酰胺、丙烯腈、苯乙烯、二烯和乙烯等单体；聚合可以在水溶液或质子介质中进行，且与反应条件的兼容性良好；此外，与其他合成方法相比，RAFT 聚合方法易于实现且成本低廉。

与 ATRP 类似，RAFT 聚合目前也已广泛应用于精确结构 POSS 杂化聚合物的合成[27, 28]。利用 RAFT 聚合获得的 POSS 杂化聚合物结构的复杂性依赖于所用 RAFT 试剂的结构，通过控制单体与 RAFT 试剂的比例，可以轻松调节聚合物的分子量，而聚合物分散性指数（PDI）很大程度上由 RAFT 试剂的转移能力决定[29-31]。本节在总结了通过 RAFT 方法使用 POSS RAFT 试剂作为构筑单元合成的 POSS 杂化聚合物的相关最新文献后，根据合成的不同聚合物链结构将它们分为两类（图 2-4 和图 2-5）。

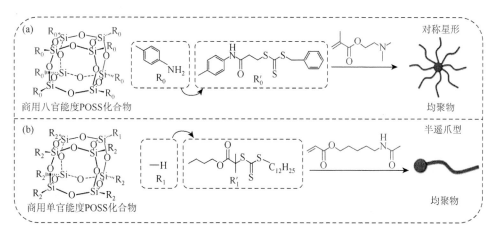

图 2-4　POSS RAFT 试剂的合成路线和两种典型均聚物的链拓扑结构[29]

图 2-4 为使用不同的 POSS RAFT 试剂合成 POSS 杂化均聚物的路线。其中

R_0 代表商业八官能度 POSS 化合物的取代基，R_1 和 R_2 代表商业单官能度 POSS 化合物的反应性和非反应性取代基，R_0' 和 R_1' 分别代表八官能度和单官能度 POSS RAFT 试剂的相应功能性取代基。具体而言，通过对商用八官能度 POSS 化合物的 R_0 取代基进行功能化，可以获得带有 R_0' 取代基的 POSS RAFT 试剂，随后通过 RAFT 聚合与单体反应合成星形 POSS 杂化均聚物[图 2-4（a）]。Yu 等[32]以八氨基丙基异丁基 POSS 为原料，制备了 3-苄基硫代羰基-硫代丙酸-POSS（BSPA-POSS）八官能度 POSS RAFT 试剂，进行甲基丙烯酸二甲基氨基乙酯（DMAEMA）的 RAFT 聚合，成功合成了星形 POSS-g-PDMAEMA 10。

采用类似的方法，也可以使用单官能度的 POSS RAFT 试剂制备半遥爪型 POSS 杂化均聚物[图 2-4（b）]。Zheng 等[33]采用了一种创新的策略，使用 3-羟丙基七苯基 POSS[由氢七苯基 POSS（POSS-H）衍生]与 2-甲基-2-[十二烷基(硫代羰基)硫基]磺酰胺基丙酸反应，形成 POSS RAFT 试剂（POSS-CTA），随后通过丙烯酸酯的 RAFT 聚合，获得了一系列不同长度的 POSS 封端的聚(丙烯酸 5-乙酰胺基戊酯)(POSS-capped PAAs 11)，这些 POSS 封端的 PAA 由于 POSS-POSS 间的相互作用和分子间氢键作用的结合，表现出清晰的微相分离行为与典型的形状记忆特性。

除前文描述的用不同结构的 POSS RAFT 试剂合成 POSS 杂化聚合物的方法之外，如图 2-5 所示，采用八官能度 POSS 大分子 RAFT 试剂作为构筑单元的路径也已广泛应用于合成星形嵌段共聚物（BCP），并能够与其他方法灵活结合。例如，以八(2-羟乙基硫代乙基)POSS（OH-POSS）为引发剂，通过己内酯（CL）的开环聚合得到焦油状 POSS-聚(ε-己内酯)$_8$（POSS-PCL$_8$），然后使用 8 种相同的链转移剂作为端基进而官能化后形成星形 POSS 大分子 RAFT 试剂。例如，Zhang 等[34]合成了用于光动力治疗的两亲性星形聚合物 POSS-(PCL-b-PDMAEMA)$_8$ 12 [PDT，图 2-5（b）]，首先通过己内酯的开环聚合合成了 POSS-PCL$_8$，然后用八官能度 POSS RAFT 试剂[POSS-(PCL-DDAT)$_8$] 进行聚甲基丙烯酸 N, N-二甲基氨基乙酯（DMAEMA）的 RAFT 聚合，获得星形杂化聚合物 POSS-(PCL-b-PDMAEMA)$_8$。类似地，Wang 等[35]采用类似的策略将开环聚合和 RAFT 聚合相结合，合成了星形 POSS-[PCL-b-聚(2, 2, 2 三氟乙基丙烯酸酯)$_8$][POSS-(PCL-b-PTFEA)$_8$ 13]，并将其应用于环氧热固性塑料的改性[图 2-5（c）]。此外，这种将 RAFT 聚合和开环聚合相结合的策略，可以制造由不同化学单体组成的 POSS 杂化共聚物，如含乙烯基和环状内酯的单体。通过环状单体与羟基或氨基 POSS 化合物的开环聚合成功实现了单官能度或八官能度 POSS 大分子 RAFT 试剂的合成。例如，以八乙烯基 POSS 为起始原料，以 2,2-偶氮二异丁腈（AIBN）为引发剂，通过开环聚合引入己内酯，然后官能化成八官能度大分子 RAFT 试剂与 2, 2, 2-三氟乙醇（TFEA）反应，形成 POSS-PCL。

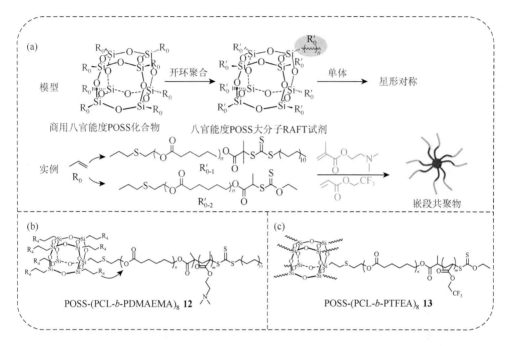

图 2-5　以 POSS 大分子 RAFT 试剂为构筑单元，通过 RAFT 聚合合成星形 POSS 嵌段共聚物的策略

（a）通过八官能度 POSS 大分子 RAFT 试剂合成星形 POSS 嵌段共聚物的一般路线；（b）POSS-(PCL-*b*-PDMAEMA)$_8$ **12** 的化学结构[34]；（c）POSS-(PCL-*b*-PTFEA)$_8$ **13** 的化学结构[35]

　　除了上述拓扑结构，RAFT 还可以用来获得具有各种链拓扑结构的 POSS 杂化聚合物，包括杂臂星形和超支化共聚物。例如，Cao 等[36]通过结合"从表面接枝"和"接枝到表面"的策略，合成了一种杂臂星形单锂离子导电共聚物。首先将羧酸封端的聚环氧乙烷（PEO）和 RAFT 试剂接枝到 POSS 核上，然后进行(苯乙烯-4-磺酰基三氟甲基磺酰基)酰亚胺钾（STF-K$^+$）的 RAFT 聚合和反离子交换，最终合成了 POSS-PEO$_m$-聚[(苯乙烯-4-磺酰基三氟甲基磺酰基)酰亚胺]$_n$（POSS-PEO$_m$-PSTF$_n$ **14**）（$m + n = 8$）。近年来，使用 RAFT 聚合还能为合成超支化 POSS 杂化聚合物提供新的研究方向，展现了 RAFT 聚合在 POSS 杂化聚合物与材料科学中的广泛应用与潜力。Haldar 等[37]通过引入含有亚氨基的 POSS 作为高效支化剂，其携带可聚合乙烯基和引发底物的链转移单体，同

时加入苯乙烯（St）、聚乙二醇甲基丙烯酸甲酯（PEGMA）和 POSS 引发剂，利用 RAFT 合成了一系列超支化共聚物[P(St-*star*-PEGMA) **15** 和 P(PEGMA-*star*-St) **16**]。

2.2.3　POSS 作单体合成杂化聚合物

　　基于 POSS 直接作为单体在活性聚合技术（包括 ATRP、RAFT 聚合和阴离子聚合）中的可设计性和灵活性，使用各种 POSS 单体作为构筑单元合成不同链拓扑结构的 POSS 杂化聚合物在过去数十年得到了广泛的研究。自从 Matyjaszewski 等[13]首次通过 ATRP 法使用 MA-POSS 合成线形三嵌段共聚物以来，研究者已经开发了大量利用不同的含 POSS 单体合成的具有各种拓扑结构的 POSS 杂化聚合物。如图 2-6 所示，以甲基丙烯酸酯为功能取代基 R_0 的 MAPOSS 就是一种研究成熟的 POSS 单体[图 2-6（a）]，Kim 等[18]使用 MAPOSS 单体和八官能度 POSS ATRP 引发剂通过 ATRP 方法合成了星形嵌段 POSS 杂化聚合物，又使用八（2-溴-2-甲基丙氧基丙基二甲基硅氧基）POSS（OBPS）为引发剂，以聚(乙二醇)甲基醚甲基丙烯酸酯（PEGMEMA）和甲基丙烯环己基 POSS（MAPOSS）为单体，经 ATRP 合成了星形 POSS 杂化聚合物 P(PEGMEMA-*r*-MAPOSS)$_8$ **17**。此外，He 等以甲基丙烯酸甲酯（MMA）和 MA-POSS 以八(二溴乙基)POSS[POSS-(Br)$_{16}$]为十六烷基官能团引发剂，合成了三种新型的 16 臂星形 POSS 二嵌段共聚物 POSS-(PMMA-*b*-PMAPOSS)$_{16}$ **18**[20]。类似地，通过 ATRP 使用单官能度 ATRP 引发剂和 MA-POSS 单体的组合，也可以合成侧链型 POSS 杂化聚合物[图 2-6（b）]。

　　然而，由于大分子 POSS 单体的空间位阻很高，直到 2014 年，使用 POSS 作为单体合成具有高分子量的 POSS 杂化聚合物仍然具有挑战性。解决这个问题的常用策略是在 POSS 单体的核与甲基丙烯酸酯基团之间引入柔性间隔基团，进而通过 ATRP 合成高分子量 POSS 杂化聚合物[图 2-6（c）][38-40]。表 2-1 总结了由具有不同类型间隔基团的 POSS 单体制备的 POSS 杂化聚合物[38, 39]，通过对柔性间隔基团类型、单体转化率和分子量分布的比较，发现添加柔性间隔基团后大体积 POSS 核的空间位阻降低，可以获得具有高分子量的均聚物[39, 40]。在这些间隔基团中，典型的—O—Si—C 结构提供了可自由旋转的 O—Si 和 Si—C，使其末端基团与 ATRP 单体和催化剂的反应更容易进行，这为合成新型高分子量 POSS 均聚物和共聚物奠定了基础。

　　另外，POSS 单体也是 RAFT 技术中的重要构筑单元。如图 2-6（d）所示，通过在 RAFT 试剂的存在下聚合 POSS 单体,不仅非常容易获得均聚物,还可以在一步合成中获得具有特定交替或无规序列的共聚物[41]。例如,Xu 等[42]由 MAPOSS 的单体、含偶氮苯的单体和 DMAEMA 通过 RAFT 得到多响应无规共聚物 P(MAPOSS-co-AZOMA-co-DMEMA) **19**。类似地,Zhang 等[43]通过一步 RAFT 合成了两亲性共聚物聚[马来酰亚胺异丁基 POSS-*alt*-(乙烯基苄基聚乙二醇)][P(MIPOSS- *alt*-VBPEG) **20**],具有交替的 MIPOSS 和 VBPEG 侧链序列。

表 2-1　不同间隔基团的 POSS 单体的 ATRP 反应条件和分子量

$7R_2$	R_1（间隔基团 + R_3）	反应体系中各物质比例 [M]*/EBiB/CuBr/CuBr2/ PMDETA	转化率/%	分子量/10^3	PDI	参考文献
i-Bu**	$OSiMe_2(CH_2)_3$—MA	100/1/2.66/0.66/3.32	51	24.1	1.16	[39]
	$OSiMe_2(CH_2)_3$—MA	200/1/5.32/1.32/6.64	85	80.0	1.20	[39]
	$OSiMe_2(CH_2)_3$—MA	900/1/3/0/3	90	190.0	1.34	[39]
	$OSiMe_2(CH_2)_3$—MA	3333/1/3/0/3	94	550.0	2.35	[39]
	—$(CH_2)_3$—MA	900/1/3/0/3	85	150.0	1.20	[40]
	$OSiMe_2(CH_2)_3$—MA	100/1/2.66/0.66/3.32	92	48.0	1.20	[40]
	$OSiMe_2(CH_2)_3$—MA	200/1/5.32/1.32/6.64	83	79.0	1.19	[40]
	$OSiMe_2(CH_2)_3$—MA	900/1/3/0/3	92	195.0	1.40	[40]
	$OSiMe_2(CH_2)_3$—MA	3333/1/3/0/3	91	510.0	2.38	[40]
	$OSiMe_2(CH_2)_{11}$—MA	900/1/3/0/3	44	80.2	1.45	[40]

* [M]代表具有不同间隔基团的 POSS 单体。

** *i*-Bu 为异丁基。

在之前的研究中,获得 POSS 杂化 BCP 一直局限于需要同时加入单体的一步 RAFT 合成策略。因此,采用末端带有 POSS 笼的 POSS 大分子 RAFT 试剂可能是使用 POSS 单体作为 POSS 构筑单元获得 BCP 的有效方法[44, 45],即通过选择适当 POSS 单体,使用 RAFT 策略合成单体单元沿聚合物主链具有特定分布的侧链型 POSS 聚合物。

图 2-7 总结了由 POSS 单体合成侧链型 POSS 杂化聚合物的策略。Zhang 等[46]通过 RAFT 合成了一系列官能化的侧链 POSS 大分子,其中通过聚合 POSS 官能化的单体（HEMAPOSS）合成了可以作为 RAFT 试剂的 PHEMAPOSS。通过适当控制 PHEMAPOSS 的长度并调节第二单体,成功设计和合成了用于刺激响应、自组装、液晶和可控药物释放的侧链 POSS 聚合物,如 PHEMAPOSS-*b*-PDMAEMA **21**[46]、

PHEMAPOSS-*b*-PMAA **22**[47]、PHEMAPOSS-*b*-P6CBMA **23**[48]和 PHEMAPOSS-*b*-P (DMAEMA-*co*-CMA) **24**[44, 45]。图 2-8（a）展示了 PHEMAPOSS-*b*-PMAA **22** 的化学结构和亲水性聚甲基丙烯酸甲酯（PMAA）部分在水中的自组装行为[47]。

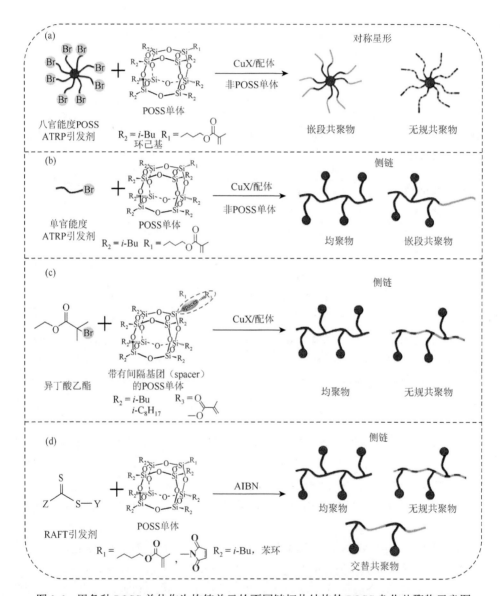

图 2-6　用各种 POSS 单体作为构筑单元的不同链拓扑结构的 POSS 杂化共聚物示意图

（a）使用八官能度 POSS ATRP 引发剂和 POSS 单体合成的星形嵌段 POSS 杂化聚合物；（b）使用单官能度 ATRP 引发剂和 POSS 单体合成的侧链型 POSS 杂化聚合物；（c）通过 ATRP 引入不同类型的间隔基团来合成高分子量的 POSS 杂化聚合物；（d）POSS 单体作为构筑单元经 RAFT 合成具有特定交替或无规序列的均聚物或共聚物[41, 42]

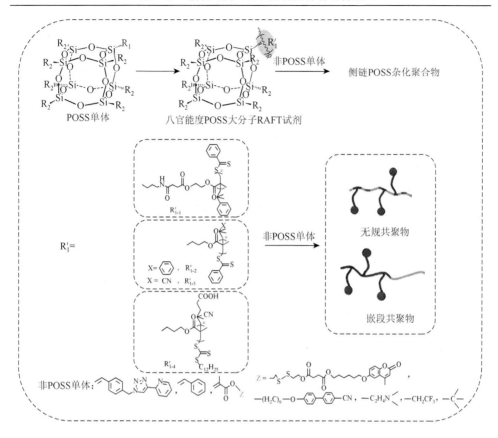

图 2-7　侧链型 POSS 杂化聚合物的合成策略[46, 47]

　　此外，Tsuchiya 等[49]通过 RAFT 聚合合成了一系列含 MA-POSS 和 PS 的二嵌段无规共聚物[PMAPOSS-*b*-PS **25**, P(MAPOSS-*r*-MMA)-*b*-PS **26**, P(MAPOSS-*r*-DEGMA)-*b*-PS **27** 和 P(MAPOSS-*r*-HEMA)-*b*-PS **28**]。同时，通过将 MA-POSS 与各种 MA 单体[MMA、二甘醇甲基丙烯酸酯（DEGMA）和甲基丙烯酸羟乙酯（HEMA）]进行 RAFT 聚合制备了一系列 POSS 大分子 RAFT 试剂 P(MAPOSS-*R*-X MA)-CTA。Zeng 等[50]通过 RAFT 聚合，使用 MAPOSS 单体、氰基异丙基二硫代苯甲酸酯（CDB）和 AIBN 的混合物制备了 PMAPOSS 大分子 RAFT 试剂，然后利用聚甲基丙烯酸甲酯大分子 RAFT 试剂和 RAFT 聚合制备的 VBPT 合成聚甲基丙烯酸甲酯共聚物聚(MA-POSS)-嵌段-聚(4-乙烯基苄基-2-吡啶-1*H*-1, 2, 3-三唑)（PMAPOSS-*b*-PVBPT **29**）[图 2-8（b）]，该聚合物在金属离子导向的自组装中具有应用潜力。

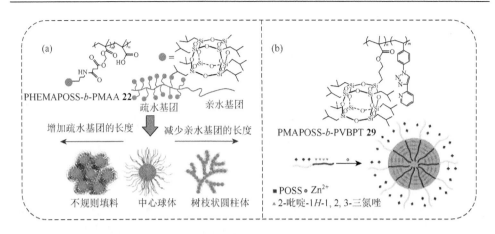

图 2-8　（a）PHEMAPOSS-*b*-PMAA **22** 的化学结构和亲水性 PMAA 部分在水中的自组装行为[48]；
　　　　（b）PMAPOSS-*b*-PVBPT **29** RAFT 后的化学结构以及在乙二醇溶液中的自组装结构[50]

2.3　精确结构 POSS 杂化聚合物的分级合成策略：点击化学

点击化学（click chemistry）的概念最早由美国科学家 Sharpless 等于 2001 年提出，旨在描述一类快速且选择性高的化学反应，或以可预测的方式相互点击以形成具有杂原子链（C—X—C）的稳定产物的反应[40]。Sharpless 等[51]赋予点击反应如下特征：应用范围广泛、产率高、副产物无害、反应条件简单、反应速率快等，将这一化学反应过程形象地喻为安全带的卡扣，简单、高效。

在材料科学领域，点击化学作为一种高效且可预测的合成策略，特别适用于构建精确结构的 POSS 杂化聚合物。点击反应已极大地影响了 POSS 单体的设计，并且利用点击化学连接这些单体，可以制备出多种结构的聚合物，如巯基-烯烃/炔烃的点击反应，研究者可以高精度控制分子结构，从而精确地调控材料的化学和物理性质。例如，通过使用功能化的 POSS 单体进行点击反应，可以便捷地将 POSS 单元引入聚合物主链或侧链中。这样不仅增强了聚合物的热稳定性和机械强度，还可引入特定的功能基团，如光敏感或磁性基团，进而开发出新型的功能性材料。此外，点击化学在合成 POSS 杂化聚合物时的高效率和低副产物生成量特性，使这些高级材料的制备过程更加绿色和经济，适合大规模生产。因此，通过巧妙地设计 POSS 单体，并利用点击化学连接这些单体，可以制备出具有复杂拓扑结构的 POSS 杂化聚合物，如星形、接枝和嵌段共聚物。这些结构精细的材料在高性能复合材料、生物医药和纳米技术等领域展示出广泛的应用前景。

2.3.1　单功能可点击 POSS 及其杂化聚合物的链结构

点击反应可以分为如下三类：环加成点击反应、亲核/亲电点击反应以及自由基引发的点击反应。典型的点击反应包括铜催化的末端炔烃与叠氮化物加成（CuAAC）、应变促进的叠氮炔环加成（SPAAC）、Diels-Alder 环加成、巯基-烯烃/炔烃的点击（TEC）反应和肟连接[52]。这些反应已被证实在合成链结构复杂的多功能 POSS 杂化聚合物中极为有效，可通过一锅法或顺序点击法方便地制备，并且还可以与 CLRP 技术相结合[53]，在高效合成的同时实现分子结构的精确控制。

在 POSS 杂化聚合物的合成中，可点击 POSS 是指带有可点击的取代基团的POSS，包括富含电子的烯烃（自由基反应）、炔烃（自由基反应），贫电子的烯烃（迈克尔加成）、异氰酸酯（羰基加成反应）、环氧化合物（SN$_2$ 开环反应）、卤素（SN$_2$ 亲核取代反应）等。图 2-9 展示了从商业可点击 POSS 化合物出发，点击反应生成的 POSS 杂化聚合物的链结构及其演变路线，其中，R$_0$ 和 R$_1$ 分别代表八官能度和单官能度商业 POSS 化合物的反应性取代基；R$_2$ 代表单官能度POSS化合物的非反应性取代基；R$_0'$ 和 R$_1'$ 代表与 POSS 笼相连的相应可点击基团；R$_T$代表相应目标分子的可点击取代基。

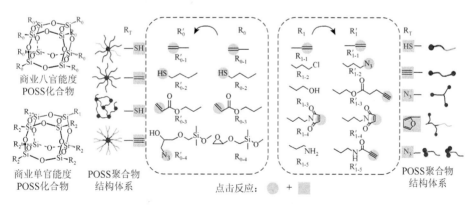

图 2-9　点击反应生成的 POSS 杂化聚合物的链结构及其演变路线[54, 55]

如图 2-9 左图所示，一些商业的八官能度 POSS 化合物，如八巯基丙基 POSS、丙烯酰基 POSS 和八乙烯基 POSS，可以通过噻烯点击直接与相应的目标分子反应。然而，对于八(3-甘氨氧丙基)二甲基硅氧烷八氧化物（glycidyl-POSS），在进行 CuAAC 偶联与炔基末端官能化分子反应之前，需要先将其转化为八(3-叠氮羟基)POSS。近年来，通过结合点击化学与 CLRP 技术构建精确结构 POSS 杂化聚合物的方法显示出巨大的前景。例如，通过结合 CuAAC、ATRP 和开环聚合技术，Faruk 等由八官能度可点击 POSS 直接制备了以 POSS 为核的杂臂星形聚合物 (PCL)$_8$-POSS-(mPEG)$_7$ **30**[54]。同样，Xia 等[55]也通过 TEC 反应制备了两亲性星形 POSS 杂化聚合物 POSS-(PEG)$_8$ **31**。

此外，如图 2-9 右图所示，单官能度的可点击 POSS 也可以用来合成遥爪型的 POSS 杂化聚合物。例如，一些带有乙烯基、炔基或马来酰亚胺等取代基的商业 POSS 就可直接用作可点击的 POSS，而其他商业 POSS，如氨丙基 POSS 和七乙烯基羟基 POSS，则需要通过顺序修饰转化为可点击的 POSS。Li 等制备了烷基官能化 POSS[56]，并利用点击反应对聚乙二醇-b-聚(ε-己内酯)（PEG-b-PCL）进行改性，得到了聚乙二醇-b-聚(ε-己内酯)-b-[聚(ε-己内酯)-g-POSS][PEG-b-PCL-b-(PCL-g-POSS) **32**]。Cheng 等[57]通过在 PEO 链段末端接 POSS 笼构建了半遥爪 POSS-杂化聚合物 hexyl-POSS-PEO$_{3800}$ **33**；Cheng 等通过 CuAAC[58]，结合两种不同的可点击 POSS 和一个带有两个可点击取代基的目标聚苯乙烯（PS）链，制备了一种不对称双烯丙基巨型表面活性剂 BPOSS-PS$_{38}$-DPOSS **34**。除了二烯链结构外，还可以通过 CuAAC，利用以三叠氮取代基为末端的三酰化链和单炔端可点击 POSS 合成三烯链结构的 Tri-PS-APOSS **35**[59]。

2.3.2　Janus 可点击 POSS 及其非对称杂化聚合物

1991 年，de Gennes 等在其诺贝尔物理学奖演讲词中利用 Janus 一词描述具有非对称结构的颗粒[60]，认为 Janus 颗粒类似于双亲分子可稳定界面，颗粒间的缝隙为物质在两相间的传输提供通道，颗粒在界面处具有明确取向。Janus 材料是一类特殊的非对称复合功能材料，由不同的具有亲水/疏水、极性/非极性、正电荷/负电荷等特征的两部分组成，具有明确的空间分区。Janus 型 POSS 以 Si—O—Si 笼形骨架为无机内核，顶角被不同有机官能团功能化而产生不对称结构，具有很强的各向异性，可以预期单个分子中会产生相反的物理/化学性质。Shao 等[59]利用丁基官能化 POSS 和二羟基官能化 POSS 合成了一系列具有明显核心对称性的精确定义的区域异构 Janus 纳米颗粒并研究了其组装和相行为，发现结晶和相分离之间的微妙竞争受核心对称性的强烈影响，从而导致不同的相结构和转变行为。

点击反应的选择性高，可以利用 Janus 可点击 POSS 制备非对称星形 POSS 杂化聚合物。一般来说，Janus 可点击 POSS 可以通过 TEC 反应制备，或者利用八乙烯基 POSS 与三氟甲磺酸（TfOH）反应后水解制备[60, 61]。例如，Zhang 等通

过在八乙烯基 POSS 的双键上引入三氟甲磺酸水解制备了一系列 Janus 可点击
POSS[61]，包括 *p*-(OH)₂-POSS、*o*-(OH)₂-POSS 和 *m*-(OH)₂-POSS（双加合物）或
oom-(OH)₃-POSS（三加合物）。图 2-10 总结了从八乙烯基 POSS 到双加合物和三加
合物 Janus 可点击 POSS 再到具有区域选择性的 POSS 衍生物的经典演变路线。
Zhang 等报道了一系列双链巨型表面活性剂区域异构体 *p*-DPOSS-2PS$_n$ **36** 的合
成[62]，这些分子由一个亲水的 POSS 头和两个相同的疏水的 PS 尾组成，不同分
子量的 PS 以对位、间位和邻位构型连接[图 2-10（a）]。

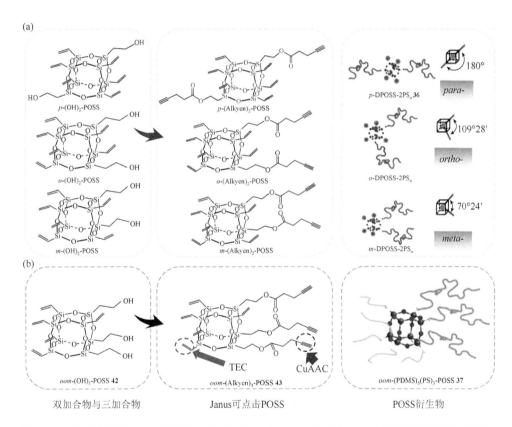

图 2-10　从八乙烯基 POSS 到双加合物和三加合物 Janus 可点击 POSS 再到具有区域选择性的
POSS 衍生物的经典演化路线示意图

（a）由双加合物 Janus 可点击 POSS[62]通过点击反应生成的双链巨型表面活性剂区域异构体；（b）由三加合物 Janus
可点击 POSS 通过点击反应制备的星形杂化聚合物[62, 63]

此外，Jin 等[63]以一侧具有三个 2-羟基乙基、另一侧具有五个乙烯基侧基的
Janus 可点击 POSS 化合物[图 2-10（b）]为起始原料，通过顺序点击化学精确合

成了一系列 Janus 星形聚合物 *oom*-(PDMS)$_5$(PS)$_3$-POSS **37**，利用这些 Janus 星形 POSS 杂化聚合物的自组装行为可以仅使用预合成聚合物臂的"接枝"方法进一步提高结构精度。

2.3.3　基于点击反应的组合合成策略的应用

1. 顺序点击方法合成形状各向异性 POSS 杂化聚合物

近年来，一种被称为"不对称形状双亲物"的新型双亲物引起了广泛的关注，这些分子可用于构建纳米构筑单元，在制造多尺度纳米有序结构方面展现出巨大的优势。得益于点击反应的精确合成特性，可引入可点击的 POSS 构建形状各向异性的 POSS 杂化聚合物。2013 年，Su 等首次通过顺序点击方法合成了具有复杂链结构的 POSS 多头或多尾聚合物[64]。图 2-11 总结了具有各向异性复杂链结构的 POSS 杂化聚合物的化学结构。

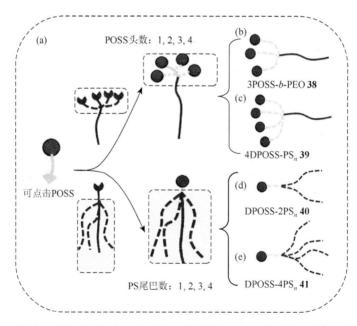

图 2-11　通过点击反应合成具有多头和多尾结构的 POSS 杂化聚合物的合成策略示意图

多头 POSS 杂化聚合物通常由一个具有单尾和多个取代基的目标分子与单官能度的可点击 POSS 发生反应形成[图 2-11（a）]。Wang 等[62]合成了一系列具有 1～4 个 POSS 头的 3POSS-*b*-PEO **38** 形状各向异性 BCP，并通过自组装制备了分子量为

5000 的 PEO 嵌段结晶的大纳米片[图 2-11（b）]。Cheng 等采用类似的策略合成了
POSS 多头巨型表面活性剂 4DPOSS-PS$_n$ **39**[图 2-11（c）][65]，展示了其在高级自组
装结构中的应用。同时，多尾 POSS 杂化聚合物可通过可点击 POSS 与具有多尾
的目标分子以及单取代目标分子（R$_T$）反应合成。Cheng 等通过 CuAAC 点击反应
成功合成了一系列巨型表面活性剂[DPOSS-2PS$_n$ **40** 和 DPOSS-4PS$_n$ **41**][66, 67]，这些
分子具有单个 POSS 头和多条尾巴（PS，1～4 条尾巴）[图 2-11（d）][65]和（e）[66]。
利用这些两亲性巨型表面活性剂的自组装行为可以产生二维、圆形纳米结构，通过
调整巨型表面活性剂尾部的分子长度，可以精确控制纳米聚合物的直径和厚度。
这种新策略为精确控制合成具有不同层次的组装纳米结构的形状、尺寸和尺寸分
布的纳米聚合物开辟了新途径。

2. 迭代点击方法合成序列可调 POSS 杂化聚合物

尽管利用各种可控/活性自由基聚合技术能够制备出具有均一性的 POSS 杂
化聚合物，但精确控制具有确定尺寸和特定拓扑结构的含 POSS 单体独立单元的
序列仍然具有挑战性[68]。Zhang 等[69]进行了初步尝试，通过重复不同酯化反应循
环，将疏水和亲水 POSS 笼以特定的序列和组成相互连接，合成了一系列线形序
列的巨型分子。图 2-12（a）展示了从可点击的 POSS 到异构大分子的演变过程。

为了进一步提高合成异构型 POSS 杂化聚合物的效率和精度，研究者开发了
一种合成异构型 POSS 杂化聚合物有效的迭代点击化学方案。该方案采用了具有
两个不同的可点击取代基和一个线形点击"插座"连接的单官能度 POSS。点击
插座是一类小分子，可以轻松地将点击功能基团转换成另一个，或者扩展可点击
位点的总数。Zhang 等[70]通过联用 SPAAC 和肟连接反应的正交点击策略，精确合
成了异构链状大分子[图 2-12（b）]。此外，研究者采用 SPACC 迭代合成技术[71]，
制备了一对基于 PS 和 POSS 的"序列异构体"[PS-(APOSS)(BPOSS)$_2$ **44**]，分别
表示为 PS-BBA 和 PS-ABB[图 2-12（c）]。在这两种异构体中，B 和 A 分别代
表在 POSS 核的角上带有 7 个异丁基的 BPOSS 和带有 7 个羧酸基团的 APOSS。
总而言之，通过在功能和结构方面精确设计点击插座的迭代点击策略，为灵活、
高效且模块化地合成具有多种复杂结构的 POSS 杂化聚合物开辟了新途径。这种
方法不仅提升了材料的设计自由度，还扩展了 POSS 杂化聚合物在高级材料科学
中的应用潜力。

3. 点击反应合成精确结构树枝状 POSS 杂化聚合物

树枝状聚合物自 21 世纪初以来，一直是支化大分子聚合物领域中重要的研
究对象。这类聚合物因其树枝状结构而得名，是一种高度支化且结构精确的大分

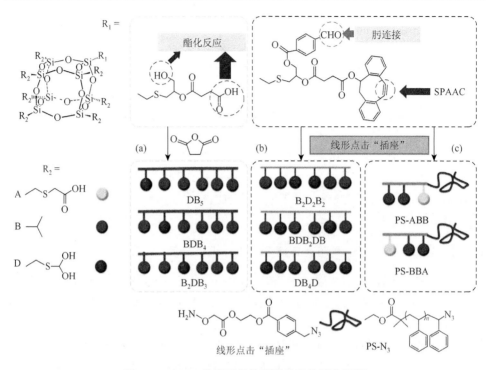

图 2-12   POSS 的序列异构巨型分子的演化图解

(a) 通过重复酯化反应循环以两种不同可点击 POSS 合成线形序列的巨型分子；（b）通过结合 SPAAC 由双功能可点击 POSS 合成的异构链状巨型分子序列；（c）利用 SPAAC 从叠氮基封端的 PS 合成 POSS 序列异构体 [PS-(APOSS)(BPOSS)$_2$] **44**[69-71]

子（图 2-13），通常由三部分组成：内部引发剂核、重复单元和外部表面官能团。在过去的数十年里，大多数基于 POSS 的树枝状大分子主要通过发散和收敛两种方法合成。发散是从聚合物的中心核开始，由内向外的发散合成，而收敛则是从支化大分子的外围开始，逐步由外向内收敛，最后与多功能初始核连接在一起。无论是传统的树枝状分子还是 POSS 基树枝状分子，都强调通过精确控制合成步骤达到预定的分子尺寸和功能性。点击化学在 POSS 基树枝状分子的合成中提供了额外的灵活性和效率，使合成过程更加快速和可控，是合成树枝状 POSS 杂化聚合物的一种新型且有效的化学手段。

与单一的可控/活性自由基聚合合成 POSS 杂化聚合物相比，点击化学在分子层面上提供了极高的精确度，可以在单一分子上引入多种不同的功能性官能团，增加了合成分子的功能多样性，这对于构建具有特定功能的复杂树枝状分子结构尤其重要。并且通常在温和的条件下进行，不需要严格的保护气氛或极端的反应条件。CLRP 主要用于合成具有均一结构的聚合物，而在单一聚合物链上引入多

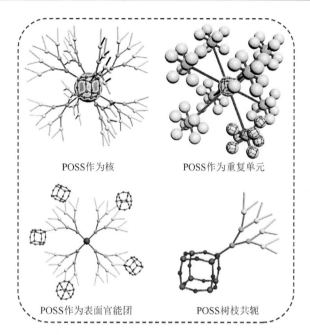

POSS作为核　　　　　　　POSS作为重复单元

POSS作为表面官能团　　　　POSS树枝共轭

图 2-13　几类树枝状 POSS 杂化聚合物的结构

种功能性基团的能力比点击化学弱。因此，CLRP 技术的优势在于制备大批量的均一聚合物，其控制分子量和分子量分布的能力在工业应用中非常重要，而点击化学特别适用于需要精确放置官能团和构建复杂、高度定义的分子结构的场合。Huang 等以 POSS 为核心[71]，合成了一类新型的树枝状聚合物。该聚缩醛树枝状 POSS 杂化聚合物以八氨基多面体低聚倍半硅氧烷{POSS-[NH$_3$Cl]$_8$}为核，通过缩醛单体 N-{2-[1-(烯丙氧基)乙氧基]乙基}丙烯酰胺（AEEAA）和半胱胺盐酸盐的交替反应逐步合成，如图 2-14 所示。AEEAA 中的丙烯酰胺可以通过偶氮-迈克尔加成与伯胺反应，而其烯烃基团则可以通过硫醇-烯点击反应选择性地与硫醇发生反应。POSS-[NH$_3$Cl]$_8$ 和 AEEAA 的偶氮-迈克尔加成产生了烯烃封端的树枝状聚合物 G1-[ene]$_{16}$。随后，G1-[ene]$_{16}$ 的外围烯烃部分选择性地与半胱胺盐酸盐中的硫醇反应，形成了氨基封端的第一代树枝状聚合物 G1'-[NH$_3$Cl]$_{16}$。通过交替加入 AEEAA 和半胱胺盐酸盐可以制备第二代和第三代树枝状聚合物 G3-[ene]$_{64}$ **45**[72]。

　　Wang 等合成了一种具有 65 个 POSS 单元以及 392 个末端乙烯基的 G2-POSS 树枝状聚合物（图 2-15）[73]。首先由八乙烯基 POSS 衍生出八官能度的 POSS 核和 AB$_7$ POSS 单体。POSS-(COOH)$_8$ 核上的每一个端羧基都可以与(vinyl)$_7$-POSS-OH 单体酯化，得到具有 9 个 POSS 单元和 56 个乙烯基端基的 G1-POSS 树枝状聚合物 POSS$_9$-(vinyl)$_{56}$。再通过硫醇-烯点击反应与 3-巯基丙酸加成将 56 个乙烯基再次改性为羧酸,产生 G1.5-POSS 树枝状聚合物 POSS$_9$-(COOH)$_{56}$。POSS$_9$-(COOH)$_{56}$
和(vinyl)$_7$-POSS-OH 的重复酯化产生了具有 65 个 POSS 单元和 392 个端乙烯基的
G$_2$-POSS 树枝状聚合物 **46**。

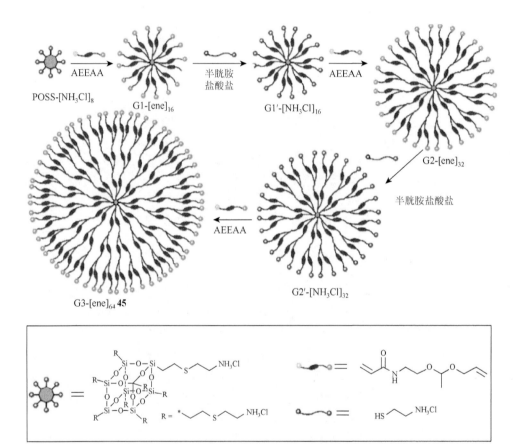

图 2-14　聚缩醛树枝状 POSS 杂化聚合物的合成示意图[72]

Ma 等合成了一种三维(3D)超支化 σ-π 共轭 POSS 杂化聚合物[74],如图 2-16
所示。首先合成了八(3-巯基丙基 POSS)(octathiol-POSS)和二乙烯基-聚(二氯甲
基苯基硅烷)(divinyl-PDMPS)。然后以甲苯为溶剂,在 AIBN 自由基引发剂的作
用下通过硫醇-烯点击化学反应得到了具有优异的热稳定性和光物理性能的 3D 超
支化聚合物。这种基于点击化学制备 POSS 基树枝状大分子的方法不仅展示了点
击化学在树枝状聚合物合成中的应用,也凸显了其在设计和构建具有复杂结构和
功能的新型高分子材料中的潜力。

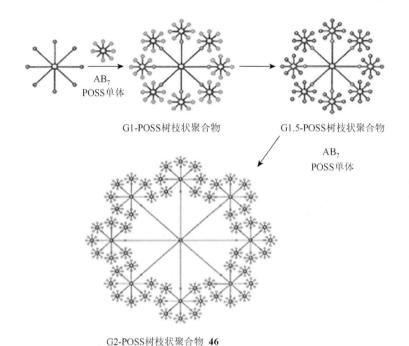

图 2-15　八官能度 POSS 制备树枝状聚合物示意图[73]

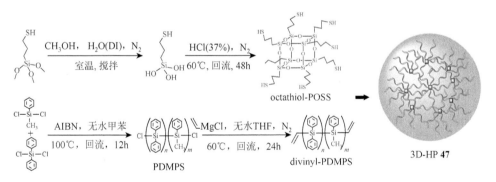

图 2-16　3D 超支化 σ-π 共轭 POSS 杂化聚合物（3D-HP）47 的合成路线[74]

本节涉及的 POSS 杂化聚合物如表 2-2 所示。

表 2-2　各种 POSS 杂化聚合物

POSS 构建单元的编号、类型		取代	POSS 聚合物	参考文献
1	POSS ATRP 引发剂 POSS 单体	R'_{0-3}/图 2-3、 图 2-6（b）	POSS-(PMMA-*b*-PMAPOSS)$_{16}$ **18**	[20]

续表

POSS 构建单元的编号、类型		取代	POSS 聚合物	参考文献
2	POSS ATRP 引发剂	R'_{0-1}/图 2-3	POSS-(PSMA-Cl)$_8$ **6**	[21]
			POSS-g-(PDMA-b-Psulfo)$_8$ **7**	[17]
3	POSS ATRP 引发剂 POSS 单体	R'_{0-1}/图 2-3、图 2-6（a）	P(PEGMA-r-MAPOSS)$_8$ **17**	[18]
4	POSS ATRP 引发剂	R'_{0-4}/图 2-3	POSS-(PMMA-Cl)$_8$ **3** POSS-(PBMA-Cl)$_8$ **4** POSS-(PLMA-Cl)$_8$ **5**	[21]
5	POSS ATRP 引发剂	—	POSS-(SS-PDMAEMA)$_8$ **1**	[22]
6	POSS ATRP 引发剂	R'_{0-5}/图 2-3	POSS-(PAA)$_8$ **2**	[23]
7	POSS ATRP 引发剂	R'_{1-2}/图 2-3	POSS-PSPMA **8**	[25]
8	POSS ATRP 引发剂	R'_{1-2}/图 2-3	POSS-poly(VCap-co-VP-co-SBMA) **9**	[26]
9	POSS RAFT 试剂	R'_0/图 2-4	POSS-g-PDMAEMA **10**	[32]
10	POSS RAFT 试剂	R'_1/图 2-4	POSS-capped PAAs **11**	[33]
11	POSS RAFT 试剂	R'_{0-1}/图 2-5	POSS-(PCL-b-PDMAEME)$_8$ **12**	[34]
12	POSS RAFT 试剂	R'_{0-2}/图 2-5	POSS-(PCL-b-PTFEA)$_8$ **13**	[35]
13	POSS RAFT 试剂	—	POSS-PEO$_m$-PSTF$_n$ **14** （$m+n=8$）	[36]
14	引发剂型单体	—	P(St-$star$-PEGMA) **15** P(PEGMA-$star$-St) **16**	[37]
15	POSS 单体	—	P(MAPOSS-co-AZOMA-co-DMAEMA) **19**	[42]
16	POSS 单体	—	P(MIPOSS-alt-VBPEG) **20**	[43]
17	POSS RAFT 试剂	R'_{1-1}/图 2-7	PHEMAPOSS-b-PDMAEMA **21**	[46]
18	POSS RAFT 试剂	R'_{1-1}/图 2-8	PHEMAPOSS-b-PMAA **22**	[47]
19	POSS RAFT 试剂	R'_{1-1}/图 2-7	PHEMAPOSS-b-P6CBMA **23**	[48]
20	POSS RAFT 试剂	R'_{1-1}/图 2-7	PHEMAPOSS-b-P(DMAEMA-co-CMA) **24**	[44, 45]
21	POSS RAFT 试剂	R'_{1-4}/图 2-7	PMAPOSS-b-PS **25** P(MAPOSS-r-MMA)-b-PS **26** P(MAPOSS-r-DEGMA)-b-PS **27** P(MAPOSS-r-HEMA)-b-PS **28**	[49]
22	POSS RAFT 试剂	R'_{1-2}/图 2-8	PMAPOSS-b-PVBPT **29**	[50]
23	可点击的 POSS	R'_{0-4}/图 2-9	(PCL)$_8$-POSS-(mPEG)$_7$ **30**	[54]
24	可点击的 POSS	R'_{0-2}/图 2-9	POSS-(PEG)$_8$ **31**	[55]

续表

POSS 构建单元的编号、类型		取代	POSS 聚合物	参考文献
25	可点击的 POSS	R'_{1-5}/图 2-9	PEG-*b*-PCL-*b*-(PCL-*g*-POSS) **32**	[56]
26	可点击的 POSS	R'_{1-3}/图 2-9	hexyl-POSS-PEO_{3800} **33**	[57]
27	可点击的 POSS	R'_{1-3}/图 2-9	BPOSS-PS_{38}-DPOSS **34**	[58]
28	可点击的 POSS	R'_{1-3}/图 2-9	Tri-PS-APOSS **35**	[59]
29	可点击的 POSS	R'_{0-1}/图 2-10	*p*-DPOSS-$2PS_n$ **36**	[62]
30	可点击的 POSS	R'_{1-3}/图 2-10	*oom*-$(PDMS)_5(PS)_3$-POSS **37**	[63]
31	可点击的 POSS	R'_{1-5}/图 2-10	*N*POSS-*b*-PEO（N = 1, 2, 3, 4）***N*38**	[62]
32	可点击的 POSS	R'_{1-3}/图 2-10	*N*DPOSS-PS_n（N = 2, 3, 4）***N*39**	[65]
33	可点击的 POSS	R'_{1-3}/图 2-10	DPOSS-XPS_n（X = 1, 2）***X*40**	[67]
34	可点击的 POSS	R'_{1-3}/图 2-11	DPOSS-XPS_n（X = 1, 2, 3, 4）***X*41**	[67]
35	Janus 点击的 POSS	图 2-10	*oom*-$(OH)_3$-POSS **42** *oom*-$(Alkyen)_3$-POSS **43**	[61]
36	顺序点击的 POSS	图 2-11	3POSS-*b*-PEO **38**	[62]
			4DPOSS-PS_n **39**	[65]
			DPOSS-$2PS_n$ **40**	[66]
			DPOSS-$4PS_n$ **41**	[67]
37	迭代点击的 POSS	图 2-12	PS-(APOSS)$(BPOSS)_2$ **44**	[71]
38	可点击的 POSS	图 2-14	G3-$[ene]_{64}$ **45**	[72]
39	可点击的 POSS	图 2-15	G_2-POSS 树枝状聚合物 **46**	[73]
40	可点击的 POSS	图 2-16	3D-HP **47**	[74]

参 考 文 献

[1]　Meads J A，Kipping F S. LIV.-Organic derivatives of silicon. Part ⅩⅫⅠ. Further experiments on the so-called siliconic acids. Journal of the Chemical Society，1915，107：459-468.

[2]　Scott D W. Thermal rearrangement of branched-chain methylpolysiloxanes. Journal of the American Chemical Society，1946，68（3）：356-358.

[3]　Feher F J，Phillips S H，Ziller J W. Synthesis and structural characterization of a remarkably stable，anionic，incompletely condensed silsesquioxane framework. Chemical Communications，1997，（9）：829-830.

[4]　Feher F J，Newman D A，Walzer J F. Silsesquioxanes as models for silica surfaces. Journal of the American Chemical Society，1989，111（5）：1741-1748.

[5]　Feher F J，Budzichowski T A. Silasesquioxanes as ligands in inorganic and organometallic chemistry.

Polyhedron，1995，14（22）：3239-3253.

[6] Chen F，Lin F，Zhang Q，et al. Polyhedral oligomeric silsesquioxane hybrid polymers：Well-defined architectural design and potential functional applications. Macromolecular Rapid Communications，2019，40（17）：1022-1336.

[7] Wu J，Song X，Zeng L，et al. Synthesis and assembly of polyhedral oligomeric silsesquioxane end-capped amphiphilic polymer to enhance the fluorescent intensity of tetraphenylethene. Colloid and Polymer Science，2016，294（8）：1315-1324.

[8] Ye Y S，Shen W C，Tseng C Y，et al. Versatile grafting approaches to star-shaped POSS-containing hybrid polymers using RAFT polymerization and click chemistry. Chemical Communications，2011，47（38）：10656-10658.

[9] Wei K，Li L，Zheng S，et al. Organic-inorganic random copolymers from methacrylate-terminated poly (ethylene oxide) with 3-methacryloxypropylheptaphenyl polyhedral oligomeric silsesquioxane：Synthesis via RAFT polymerization and self-assembly behavior. Soft Matter，2014，10（2）：383-394.

[10] Xu Y，Chen J，Huang J，Cao J，et al. Nanostructure of reactive polyhedral oligomeric silsesquioxane-based block copolymer as modifier in an epoxy network. High Performance Polymers，2017，29（10）：1148-1157.

[11] Wang L，Li J，Li L，et al. Organic-inorganic hybrid diblock copolymer composed of poly (ε-caprolactone) and poly(MA POSS)：Synthesis and its nanocomposites with epoxy resin. Journal of Polymer Science Part A：Polymer Chemistry，2013，51（9）：2079-2090.

[12] Li Y，Guo K，Su H，Li X，et al. Tuning "thiol-ene" reactions toward controlled symmetry breaking in polyhedral oligomeric silsesquioxanes. Chemical Science，2014，5（3）：1046-1053.

[13] Pyun J，Matyjaszewski K. Synthesis of nanocomposite organic/inorganic hybrid materials using controlled/ "living" radical polymerization. Chemistry of Materials，2001，13（10）：3436-3448.

[14] Zhang W，Hong L，McGowan P C. A giant capsule from the self-assembly of a penta-telechelic hybrid poly （acrylic acid）based on polyhedral oligomeric silsesquioxane. Macromolecular Chemistry and Physics，2014，215（9）：900-905.

[15] Li S，Ji S，Zhou Z，et al. Synthesis and self-assembly of o-nitrobenzyl-based amphiphilic hybrid polymer with light and pH dual response. Macromolecular Chemistry and Physics，2015，216（11）：1192-1200.

[16] Yang S，Pan A，He L. Organic/inorganic hybrids by linear PDMS and caged MA-POSS for coating. Materials Chemistry and Physics，2015，153：396-404.

[17] Pu Y，Hou Z，Khin M M，et al. Synthesis and antibacterial study of sulfobetaine/quaternary ammonium-modified star-shaped poly[2-(dimethylamino)ethyl methacrylate]-based copolymers with an inorganic core. Biomacromolecules，2017，18（1）：44-55.

[18] Kim D G，Shim J，Lee J H，et al. Preparation of solid-state composite electrolytes based on organic/inorganic hybrid star-shaped polymer and PEG-functionalized POSS for all-solid-state lithium battery applications. Polymer，2013，54（21）：5812-5820.

[19] Wang J，Hasnain A，Guo J，et al. Multitargeting peptide-functionalized star-shaped copolymers with comblike structure and a POSS-core to effectively transfect endothelial cells. ACS Biomaterials Science & Engineering，2018，4（6）：2155-2168.

[20] Pan A，Yang S，He L，et al. Star-shaped POSS diblock copolymers and their self-assembled films. RSC Advances，2014，4（53）：27857-27866.

[21]　Qiang X, Chen F, Ma X Y, et al. Star-shaped POSS-methacrylate copolymers with phenyl-triazole as terminal groups, synthesis, and the pyrolysis analysis. Journal of Applied Polymer Science, 2014, 131（16）: 1107-1117.

[22]　Yang Y Y, Wang X, Hu Y, et al. Bioreducible POSS-cored star-shaped polycation for efficient gene delivery. ACS Applied Materials & Interfaces, 2014, 6（2）: 1044-1052.

[23]　Zelmer C, Wang D K, Keen I, et al. Synthesis and characterization of POSS-(PAA)$_8$ star copolymers and GICs for dental applications. Dental Materials, 2016, 32（4）: 82-92.

[24]　Ata S, Dhara P, Mukherjee R, et al. Thermally amendable and thermally stable thin film of POSS tethered poly(methyl methacrylate)(PMMA) synthesized by ATRP. European Polymer Journal, 2016, 75: 276-290.

[25]　Ma L, Li J, Han D, et al. Synthesis of photoresponsive spiropyran-based hybrid polymers and controllable light-triggered self-assembly study in toluene. Macromolecular Chemistry and Physics, 2013, 214（6）: 716-725.

[26]　Li C, Bai S, Li X, et al. Amphiphilic copolymers containing POSS and SBMA with n-vinylcaprolactam and n-vinylpyrrolidone for THF hydrate inhibition. ACS Omega, 2018, 3（7）: 7371-7379.

[27]　Boyer C, Bulmus V, Davis T P, et al. Bioapplications of RAFT polymerization. Chemical Reviews, 2009, 109（11）: 5402-5436.

[28]　Moad G, Rizzardo E, Thang S H. Living radical polymerization by the RAFT process. Australian Journal of Chemistry, 2005, 58（6）: 379-410.

[29]　Barner K C, Russell G T. Chain-length-dependent termination in radical polymerization: Subtle revolution in tackling a long-standing challenge. Progress in Polymer Science, 2009, 34（11）: 1211-1259.

[30]　Chiefari J, Chong Y K, Ercole F, et al. Living free-radical polymerization by reversible addition-fragmentation chain transfer: The RAFT process. Macromolecules, 1998, 31（16）: 5559-5562.

[31]　Roth P J, Boyer C, Lowe A B, et al. RAFT polymerization and thiol chemistry: A complementary pairing for implementing modern macromolecular design. Macromolecular Rapid Communications, 2011, 32（15）: 1123-1143.

[32]　Yu Z, Gao S, Xu K, et al. Synthesis and characterization of silsesquioxane-cored star-shaped hybrid polymer via "grafting from" RAFT polymerization. Chinese Chemical Letters, 2016, 27（11）: 1696-1700.

[33]　Cao Y, Xu S, Li L, et al. Physically cross-linked networks of POSS-capped poly (acrylate amide) s: Synthesis, morphologies, and shape memory behavior. Journal of Polymer Science Part B: Polymer Physics, 2017, 55（7）: 587-600.

[34]　Zhang P, Zhang Z, Jiang X, et al. Unimolecular micelles from POSS-based star-shaped block copolymers for photodynamic therapy. Polymer. 2017, 118: 268-279.

[35]　Wang L, Zhang C, Cong H, et al. Formation of nanophases in epoxy thermosets containing amphiphilic block copolymers with linear and star-like topologies. The Journal of Physical Chemistry B, 2013, 117（27）: 8256-8268.

[36]　Cao P F, Wojnarowska Z, Hong T, et al. A star-shaped single lithium-ion conducting copolymer by grafting a POSS nanoparticle. Polymer, 2017, 124: 117-127.

[37]　Haldar U, Roy S G, de Priyadarsi. POSS tethered hybrid "*inimer*" derived hyperbranched and star-shaped polymers via SCVP-RAFT technique. Polymer, 2016, 97: 113-121.

[38]　Franczyk A, He H, Burdyńska J, et al. Synthesis of high molecular weight polymethacrylates with polyhedral oligomeric silsesquioxane moieties by atom transfer radical polymerization. ACS Macro Letters, 2014, 3（8）: 799-802.

[39]　Alexandris S，Franczyk A，Papamokos G，et al. Polymethacrylates with polyhedral oligomeric silsesquioxane (POSS) moieties：Influence of spacer length on packing，thermodynamics，and dynamics. Macromolecules，2015，48 （10）：3376-3385.

[40]　Alexandris S，Franczyk A，Papamokos G，et al. Dynamic heterogeneity in random copolymers of polymethacrylates bearing different polyhedral oligomeric silsesquioxane moieties (POSS). Macromolecules，2017，50 （10）：4043-4053.

[41]　Zhang Z，Hong L，Gao Y，et al. One-pot synthesis of POSS-containing alternating copolymers by RAFT polymerization and their microphase-separated nanostructures. Polymer Chemistry，2014，5 （15）：4534-4541.

[42]　Xu Y，Cao J，Li Q，et al. Novel azobenzene-based amphiphilic copolymers：Synthesis，self-assembly behavior and multiple-stimuli-responsive properties. RSC Advances，2018，8 （29）：16103-16113.

[43]　Zhang Z，Hong L，Li J，et al. One-pot synthesis of well-defined amphiphilic alternating copolymer brushes based on POSS and their self-assembly in aqueous solution. RSC Advances，2015，5 （28）：21580-21587.

[44]　Xu Y，Huang J，Li Y，et al. A novel hybrid polyhedral oligomeric silsesquioxane-based copolymer with zwitterion：Synthesis，characterization，self-assembly behavior and pH responsive property. Macromolecular Research，2017，25 （8）：817-825.

[45]　Zhang Z，Xue Y，Zhang P，et al. Hollow polymeric capsules from poss-based block copolymer for photodynamic therapy. Macromolecules，2016，49 （22）：8440-8448.

[46]　Hong L，Zhang Z，Zhang Y，et al. Synthesis and self-assembly of stimuli-responsive amphiphilic block copolymers based on polyhedral oligomeric silsesquioxane. Journal of Polymer Science Part A：Polymer Chemistry，2014，52 （18）：2669-2683.

[47]　Hong L，Zhang Z，Zhang W. Synthesis of organic/inorganic polyhedral oligomeric silsesquioxane-containing block copolymers via reversible addition-fragmentation chain transfer polymerization and their self-assembly in aqueous solution. Industrial & Engineering Chemistry Research，2014，53 （26）：10673-10680.

[48]　Jin J，Tang M，Zhang Z，Zhou K，et al. Synthesis of POSS-functionalized liquid crystalline block copolymers via RAFT polymerization for stabilizing blue phase helical soft superstructures. Polymer Chemistry，2018，9 （16）：2101-2108.

[49]　Tsuchiya K，Ishida Y，Kameyama A. Synthesis of diblock copolymers consisting of POSS-containing random methacrylate copolymers and polystyrene and their cross-linked microphase-separated structure via fluoride ion-mediated cage scrambling. Polymer Chemistry，2017，8 （16）：2516-2527.

[50]　Zeng B，Wu Y，Kang Q，et al. Metal-ions directed self-assembly of hybrid diblock copolymers. Journal of Materials Research，2014，29 （22）：2694-2706.

[51]　Kolb H C，Finn M G，Sharpless K B. Click chemistry：Diverse chemical function from a few good reactions. Angewandte Chemie International Edition，2001，40 （11）：2004-2021.

[52]　Li SW，Jiang X，Yang Q，et al. Effects of amino functionalized polyhedral oligomeric silsesquioxanes on cross-linked poly (ethylene oxide) membranes for highly-efficient CO_2 separation. Chemical Engineering Research & Design，2017，122：280-288.

[53]　Zhang W，Müller A H E. Architecture，self-assembly and properties of well-defined hybrid polymers based on polyhedral oligomeric silsequioxane(POSS). Progress in Polymer Science，2013，38 （8）：1121-1162.

[54]　Doganci E，Tasdelen M A，Yilmaz F. Synthesis of miktoarm star-shaped polymers with POSS core via a

combination of CuAAC click chemistry, ATRP, and ROP techniques. Macromolecular Chemistry and Physics, 2015, 216 (17): 1823-1830.

[55] Xia Y, Ding S, Liu Y, Qi Z. Facile Synthesis and self-assembly of amphiphilic polyether-octafunctionalized polyhedral oligomeric silsesquioxane via thiol-ene click reaction. Polymers, 2017, 9 (7): 251.

[56] Yin G, Chen G, Zhou Z, et al. Modification of PEG-b-PCL block copolymer with high melting temperature by the enhancement of POSS crystal and ordered phase structure. RSC Advances, 2015, 5 (42): 33356-33363.

[57] Dong X H, van Horn R, Chen Z, et al. Exactly defined half-stemmed polymer lamellar crystals with precisely controlled defects' locations. The Journal of Physical Chemistry Letters, 2013, 4 (14): 2356-2360.

[58] Wu K, Huang M, Yue K, et al. Asymmetric giant "bolaform-like" surfactants: Precise synthesis, phase diagram, and crystallization-induced phase separation. Macromolecules, 2014, 47 (14): 4622-4633.

[59] Shao Y, Han D, Tao Y, et al. Leveraging macromolecular isomerism for phase complexity in Janus nanograins. ACS Central Science, 2023, 9 (2): 289-299.

[60] Wang X M, Guo Q Y, Han S Y, et al. Stochastic/controlled symmetry breaking of the T_8-POSS cages toward multifunctional regioisomeric nanobuilding blocks. Chemistry A European Journal, 2015, 21 (43): 15246-15255.

[61] Han S Y, Wang X M, Shao Y, et al. Janus poss based on mixed[2 : 6] octakis-adduct regioisomers. Chemistry-A European Journal, 2016, 22 (18): 6397-6403.

[62] Wang X M, Shao Y, Xu J, et al. Precision synthesis and distinct assembly of double-chain giant surfactant regioisomers. Macromolecules, 2017, 50 (10): 3943-3953.

[63] Jin P F, Shao Y, Yin G Z, et al. Janus [3 : 5] polystyrene-polydimethylsiloxane star polymers with a cubic core. Macromolecules, 2018, 51 (2): 419-427.

[64] Su H, Zheng J, Wang Z, et al. Sequential triple "click" approach toward polyhedral oligomeric silsesquioxane-based multiheaded and multitailed giant surfactants. ACS Macro Letters, 2013, 2 (8): 645-650.

[65] Huang M, Yue K, Huang J, et al. Highly asymmetric phase behaviors of polyhedral oligomeric silsesquioxane-based multiheaded giant surfactants. ACS Nano, 2018, 12 (2): 1868-1877.

[66] Yue K, Huang M J, Marson R L, et al. Geometry induced sequence of nanoscale Frank-Kasper and quasicrystal mesophases in giant surfactants. Proceedings of the National Academy of Sciences of the United States of America, 2016, 113 (50): 14195-14200.

[67] Yue K, Liu C, Huang M, et al. Self-assembled structures of giant surfactants exhibit a remarkable sensitivity on chemical compositions and topologies for tailoring sub-10 nm nanostructures. Macromolecules, 2017, 50 (1): 303-314.

[68] Zhang W B, Yu X, Wang C L, et al. Molecular nanoparticles are unique elements for macromolecular science: From "nanoatoms" to giant molecules. Macromolecules, 2014, 47 (4): 1221-1239.

[69] Zhang W, Lu X, Mao J, et al. Sequence-mandated, distinct assembly of giant molecules. Angewandte Chemie International Edition, 2017, 56 (47): 15014-15019.

[70] Zhang W, Zhang S, Guo Q, et al. Multilevel manipulation of supramolecular structures of giant molecules via macromolecular composition and sequence. ACS Macro Letters, 2018, 7 (6): 635-640.

[71] Zhang W, Shan W, Zhang S, et al. Sequence isomeric giant surfactants with distinct self-assembly behaviors in solution. Chemical communications, 2019, 55 (5): 636-639.

[72] Yang D P, Deen G R, Li Z, et al. Nano-star-shaped polymers for drug delivery applications. Macromolecular

Rapid Communications，2017，38（21）：1700410.

[73]　Ata S，Banerjee S L，Singha N K. Polymer nano-hybrid material based on graphene oxide/poss via surface-initiated atom transfer radical polymerization (SI-ATRP)：Its application in specialty hydrogel system. Polymer，2016，103：46-56.

[74]　Chen J，Xu Y，Gao Y，et al. Nanoscale organic-inorganic hybrid photosensitizers for highly effective photodynamic cancer therapy. ACS Applied Materials & Interfaces，2018，10（1）：248-255.

第 3 章　POSS 交联改性弹性体复合材料

弹性体泛指在很小的外力作用下能产生较大形变，外力去除后能迅速恢复到接近原有状态和尺寸的一类高分子材料[1]，具有可逆弹性形变大、弹性模量小、恢复性高等特性，这些特性主要归因于弹性体具有特殊长链的熵弹性。同时，弹性体由于具有高弹性、高强度、耐候性、抗疲劳性、耐温性及良好的加工性能等优点在航空航天、汽车、电子、电气等领域都发挥着关键作用。在航空航天领域中，弹性体主要被用于制作固体火箭发动机的绝热层，绝热层是位于发动机燃烧室和推进剂之间的一层导热率较低的功能材料，其主要作用是在发动机工作温度达 2000～3000℃、压力达 10～200atm（1 atm = 101325 Pa）以及推进剂中金属燃料产生强烈热冲刷和热传导等复杂环境下，保护发动机壳体和其他结构免受高温和高压影响，避免发动机被高温高压的燃气烧穿失效。随着高能固体推进剂技术的发展和逐步应用，发动机燃烧室内燃烧温度和工作压力大幅度提高，对绝热层的耐烧蚀性、抗燃气冲刷性能及力学性能提出了更高的要求，因此弹性体需要与其他材料或填料结合使用，以增强其性能或实现特定的功能[2]。

POSS 作为一种新型有机-无机杂化纳米材料，内部是直径为 1～3 nm 的三维无机空心 Si—O—Si 笼，外部连接反应性或非反应性有机基团，同时具有二氧化硅硬核和外部有机取代基的特点，因此它不仅能同无机填料一样赋予材料良好的刚性、耐热性、抗氧化性等优点，同时还因其笼形结构是空心的以及笼形顶点外部连接多样的有机基团，具有密度低、结构设计性强等优势，可利用优异的结构设计性定制化设计出与目标弹性体的化学结构、物理化学特性和加工需求匹配的 POSS 结构。这一过程涉及对 POSS 与弹性体基质间相互作用的精确控制，包括分子间力、氢键乃至共价键的建立，不仅能够改善弹性体内部的交联网络结构和密度，还能实现 POSS 无机纳米笼结构在材料体系中的均匀分散，实现对弹性体材料性能的优化，显著提升其力学、耐烧蚀和阻燃等关键性能。

3.1　POSS 交联改性弹性体基体

由于 POSS 结构的可设计性强，因此可针对弹性体的化学结构设计合成相应的可与其反应的不同官能团的 POSS，实现 POSS 与弹性体之间的键合，调控弹性体基体内部交联网络结构，平衡弹性体性能之间的关系。

3.1.1　POSS 交联改性弹性体的制备工艺

热塑性弹性体与热固性弹性体硫化的区别在于热塑性弹性体通常为动态硫化，热固性弹性体通常为静态硫化。以热塑性弹性体为基体时，一般将基体、POSS、交联剂等各种助剂和填料在较高温度下进行充分混合和交联，然后通过热塑性工艺进行降温成型；以热固性弹性体为基体时，需要将基体、交联剂、其他助剂和填料等在低于其固化温度条件下进行充分混合后，再根据体系的差异，在合适的温度范围、压力范围、时间范围内进行静态固化反应，如图 3-1 所示。进一步，对于热固性弹性体，根据弹性体生胶的物态差别，选择不同的机械混合方式。对于固态生胶，一般通过密炼机、开炼机等混合设备将反应型 POSS、助剂、硫化剂等与固态生胶啮合，同时共混过程中的高剪切力也可以对生胶分子链进行解缠结，以便更多的活性位点暴露从而进行进一步的硫化；对于液态生胶，则通过机械搅拌、磁力搅拌等方式将反应型 POSS、助剂、硫化剂等与液态生胶混合，但需注意的是，需要针对液态生胶的化学组成特征和填料的表面物理化学性质选择合适的共溶剂（依据极性、沸点等物性参数），并且需要依据液体弹性体的黏度选择共混方式。液态生胶黏度过大，可能需要调整溶剂含量或升高温度进行体系黏度控制，从而实现均匀混合。混合完成后，针对特定的硫化反应体系，控制成型温度、压力以及时间实现生胶固化和反应型 POSS 的原位交联。此外，固化剂的种类和含量也会影响生胶材料内部的交联结构以及反应型 POSS 的原位交联。以三元乙丙橡胶（EPDM）固态生胶为例，选择硫黄为交联剂时，硫黄形成的硫桥取代 EPDM 上活泼氢原子形成交联母体，随后交联母体之间或交联母体与大分子之间形成多硫交联键，从而促使 EPDM 固化交联；当采用过氧化物作为引发剂时，一般认为其硫化要经历三个过程：首先过氧化物热分解为两个烷氧基自由基；其次，烷氧基自由基从 EPDM 分子链上夺取氢原子形成大分子自由基；最后，相邻的大分子自由基偶合形成 C—C 交联键，完成 EPDM 的交联反应，如图 3-2 所示。

图 3-1　POSS 改性热固性弹性体的制备

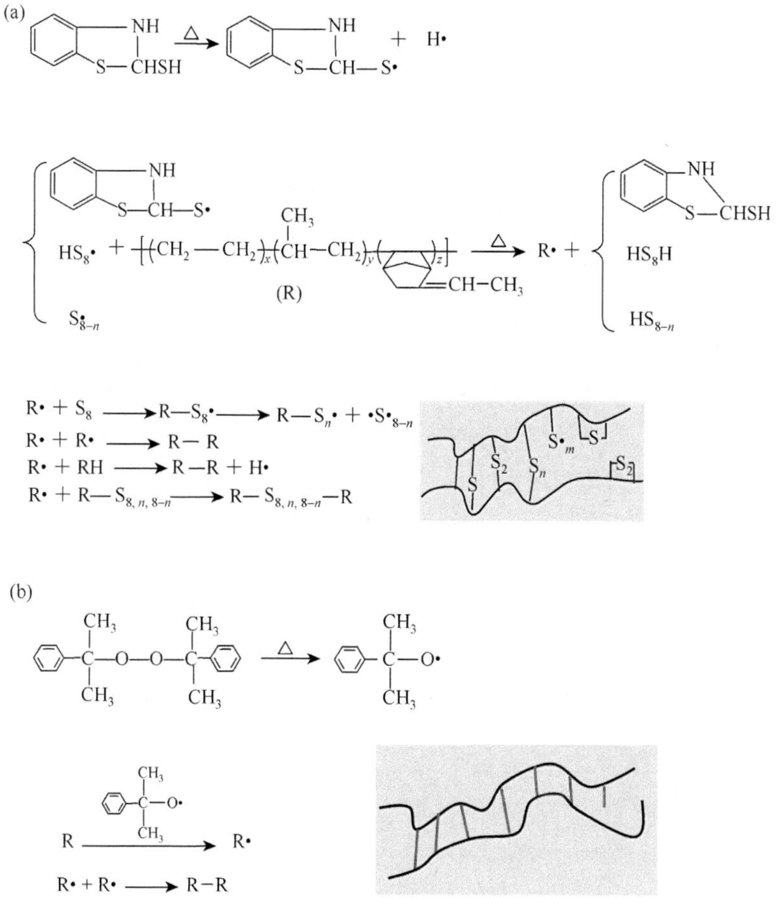

图 3-2　三元乙丙橡胶不同交联过程

（a）硫黄作为交联剂；（b）过氧化物作为引发剂

　　因此，即便固态三元乙丙橡胶和反应型 POSS 的结构和组成一致，可以采用类似的生胶混合工艺，但是由于两种交联剂涉及的交联反应机理存在差异，在固化过程中，仍需要针对固化体系选择合适的固化温度、时间和压力。以液体生胶如液体硅橡胶为例，可选择与反应型 POSS 共溶的溶剂如四氢呋喃，与交联剂、催化剂在室温下进行混合，随后在真空条件下进行阶段升温，除溶剂后固化，一定时间后即可得到反应型 POSS 改性的硅橡胶复合材料。在优化固化反应工艺的过程中，可通过差示扫描量热（DSC）或硫化曲线等手段对固化反应进行监测，再根据交联剂种类和含量、改性剂含量等参数的差异调整固化温度和固化时间，得到含 POSS 的交联弹性体。

3.1.2　POSS 交联改性热固性弹性体

　　用于改性弹性体的 POSS 分为惰性 POSS 和反应型 POSS 两种,惰性 POSS 中使用最多的有八苯基 POSS、八甲基 POSS 等,但由于外部惰性基团无法与弹性体共价键合,因此 POSS 的引入会带来界面性能较差、易于团聚等问题。采用反应型 POSS 交联改性热固性弹性体基体可以很好地避免此类现象的发生,与基体共价键合将 POSS 引入高分子材料分子链段中,不仅可以形成更多的共价键,改善三维交联网络结构,而且能使 POSS 更加均匀地分散在弹性体内部,避免纳米粒子比表面积大而形成团聚的现象。改善的三维交联网络和均匀分散的 POSS 使弹性体在服役阶段能够承受更大应力,力学性能得到改善,同时 POSS 本身的无机 Si—O—Si 笼在高温环境下可以原位转变形成更稳定的 SiO_2 或 SiC 陶瓷结构从而提升材料的热性能,可以实现改性弹性体的力学性能、热性能、阻燃性能或烧蚀性能的同时改善。

　　由于 POSS 结构的可设计性,可以针对不同的弹性体结构设计合成或衍生不同基团和不同官能度的反应型 POSS 来控制交联点的结构以及交联密度,从而调控材料内部形成的交联网络结构,改善弹性体的性能。对于不同的弹性体如硅橡胶、天然橡胶、丁苯橡胶、三元乙丙橡胶等,均可以采用不同的 POSS 结构进行改性,如图 3-3 所示。

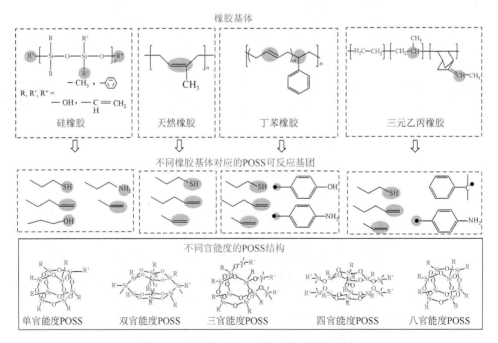

图 3-3　反应型 POSS 交联改性弹性体策略

硅橡胶是目前 POSS 改性最常见的弹性体[3]。硅橡胶是一种以 Si 原子与 O 原子交替构成主链，Si 原子上连接有机侧基（如甲基、乙烯基或苯基等）的高分子量的聚硅氧烷。硅橡胶的主链或者侧基上连有能够进行缩合反应或加成反应的官能团（羟基、氨基、乙烯基等）。因此，针对官能团不同的硅橡胶，可以设计合成不同种类的反应型 POSS。例如，针对含有羟基、氨基端基的硅橡胶可以设计带有羟基、氨基的 POSS；针对含有双键的硅橡胶，可以设计合成带有乙烯基、烯丙基、巯基等可与双键进行反应的 POSS。

天然橡胶是一种以顺-1,4-聚异戊二烯为主要成分的天然高分子化合物，属于应用最广的通用橡胶。其主链的双键结构可以与烯丙基 POSS、巯基 POSS、甲基丙烯酸酯 POSS 等进行反应；而具有与天然橡胶类似的不饱和键的丁苯橡胶也可以通过此类 POSS 进行交联改性，以提高橡胶的性能。

EPDM 由乙烯、丙烯、非共轭二烯烃三种单体共聚形成，其中引入第三单体即亚乙基降冰片烯的三元乙丙橡胶（ENB-EPDM）为目前使用最广泛、制备最多的三元乙丙橡胶。针对其主链结构的活性氢和不饱和键，可以设计合成含有活性氢基、乙烯基、降冰片烯基、巯基等可与其发生交联反应的反应型 POSS，以提高 ENB-EPDM 在不同使用场景下所需的性能。此外，也可设计出官能团数量各异的反应型 POSS 分子，如单官能度、双官能度、三官能度、四官能度或者八官能度。

马晓燕等设计合成了双官能度反应型 POSS：二乙烯基 POSS、二氢基 POSS、二降冰片烯基 POSS，并分别对 EPDM 进行交联改性[4, 5]，得到了三类取代基不同的双官能度反应型 POSS 改性的 EPDM 复合材料。结果表明，添加反应型 POSS 后均可提高 EPDM 的交联密度，如二降冰片烯基 POSS 的结构单元可与三元乙丙大分子链段或交联剂化学交联，在二降冰片烯基 POSS（DN-DDSQ）和三元乙丙橡胶之间形成共价键，如图 3-4 所示。在二降冰片烯基 POSS 改性 EPDM 体系中，随二降冰片烯基 POSS 含量的增大，交联网络结构逐渐致密，交联密度逐渐增大。

此外，在 POSS 交联改性硅橡胶方面，马晓燕等[6]设计合成了乙烯基 POSS，在 Pt 催化剂存在下可以与聚甲基氢硅氧烷（PMHS）发生硅氢加成反应，与此同时，乙烯基液体硅橡胶（VPDMS）的双键同样与 PMHS 加成，从而将 POSS 的笼状结构通过共价键成功引入 VPDMS 的交联网络结构中，制备了四乙烯基 POSS 改性的硅橡胶复合材料，如图 3-5 所示。结果表明随着 POSS 含量的提高，硅橡胶的交联密度增大，1 phr①四乙烯基 POSS 改性的 VPDMS 的交联密度比未改性的 VPDMS 提高了 40%，交联点间平均分子量比未改性的 VPDMS 降低了 28.1%。

---

① 1 phr 为 100g 等质量单位树脂添加 1 g 等质量单位添加剂。

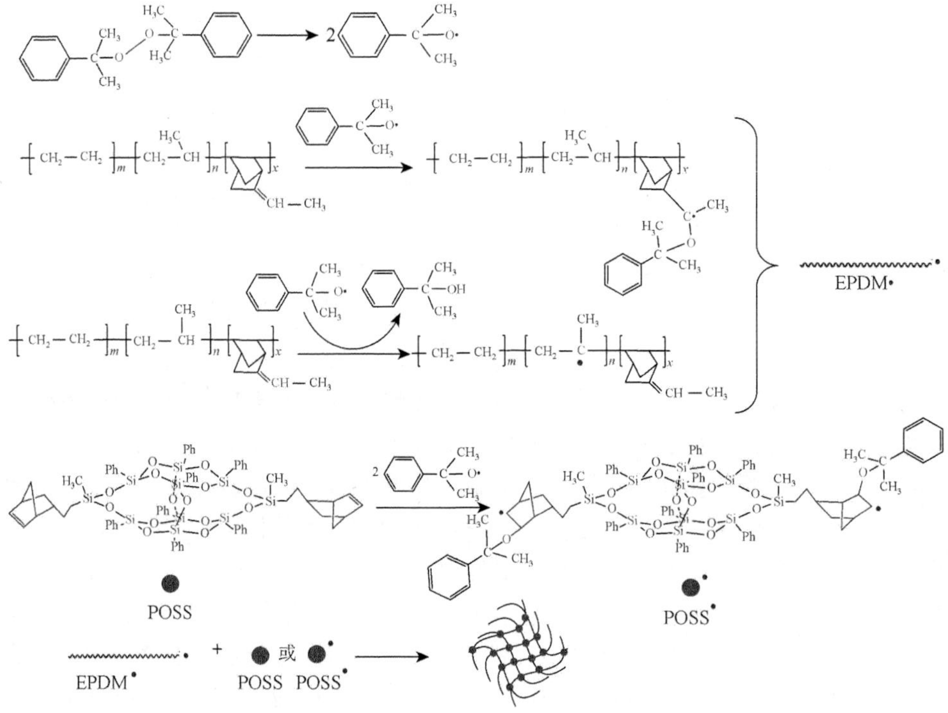

图 3-4 EPDM 与 DN-DDSQ 化学交联反应机理[5]

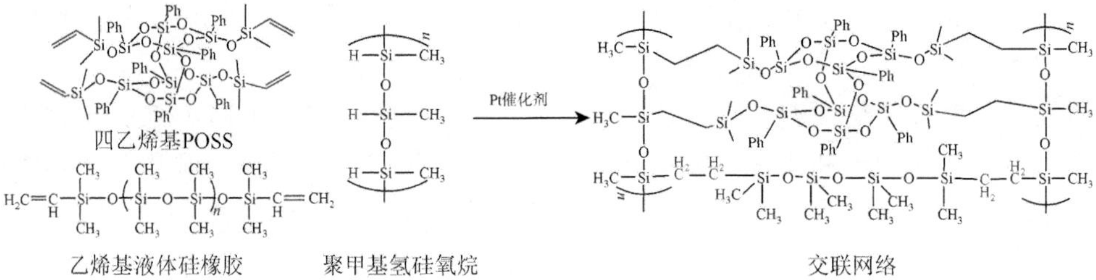

图 3-5 四乙烯基 POSS 改性的硅橡胶复合材料[6]

Liu 等[7]通过将多乙氧基 POSS（EOPS）上的乙氧基与液体硅橡胶（HPDMS）上的羟基进行交联，制备了 EOPS 交联 HPDMS 复合材料。EOPS 可以作为 HPDMS 的有效交联剂，从凝胶含量、交联密度和交联点间分子量（M_c）等方面证明了其对 HPDMS 的原位改善作用，并总结了这些特征的具体趋势和变化，如图 3-6 所示，EOPS@HPDMS 的凝胶含量、交联密度随 EOPS 含量的增加逐渐提高，交联点间分子量随 EOPS 含量提高逐渐降低，当 EOPS 的添加量达到 10 wt%时，凝胶含量从 87%提高到 94%，交联密度提升 53.33%。

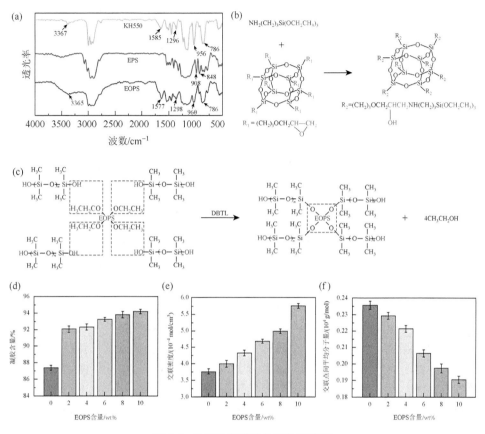

图 3-6　EOPS 交联改性液体硅橡胶

（a）KH550、EPS（缩水甘油醚 POSS）和 EOPS 的 FTIR 谱；（b）EPS 与 KH550 反应示意图；（c）EOPS 与 HPDMS 的交联示意图；（d）EOPS@HPDMS 凝胶含量；（e，f）EOPS@HPDMS 交联密度和交联点间平均分子量[7]

　　Dong 等[8]采用两种结构相似的氨基功能化 POSS［八氨基苯基 POSS 和 *N*-苯胺甲基 POSS］与含有 *g*-氯丙基的聚硅氧烷（CPPS）进行交联，制备了一系列热固化硅橡胶。固化机理如图 3-7 所示，这两种氨基功能化的 POSS 具有特殊的结构，在各个方向上都含有氨基，并且具有很高的氨含量，其上的 N—H 基团很容易与 *g*-氯丙基发生反应。在一定的固化条件下，通过氨基与 *g*-氯丙基之间的化学反应，实现了氨基功能化 POSS 对含有 *g*-氯丙基的聚硅氧烷的交联。

3.1.3　POSS 交联改性热塑性弹性体

　　热塑性弹性体是一种特殊的弹性体材料，其具有很强的弹性和塑性形变能

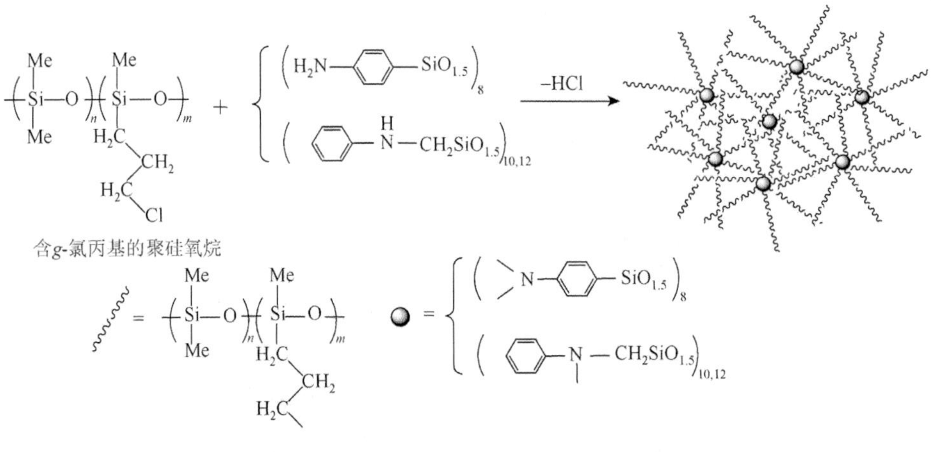

图 3-7　氨基功能化 POSS 交联改性 g-氯丙基聚硅氧烷的固化机理[8]

力，且能够在一定温度下通过热处理改变其形态和性质[9]。这种材料通常由高分子材料制成，如聚烯烃、聚氨酯、聚酯等。与传统的热固性弹性体材料相比，热塑性弹性体具有更高的弹性模量、更低的压缩应力和更好的耐疲劳性能。此外，热塑性弹性体还具有较好的耐化学性能和耐热性能，因此广泛应用于汽车、建筑、医疗、电子和军事等领域。热塑性聚氨酯（TPU）是一种性能优异的热塑性弹性体，是一种(AB)$_n$型嵌段线形聚合物：A 为高分子量的聚合物多元醇（或聚酯、聚醚，分子量为 1000～6000），称为长链段，B 为含 2～12 个碳原子的直链二醇，称为短链段，这两种链段由二异氰酸酯键连接形成线形长链。其中，A 链段也被称为软链段，具有柔韧性，使 TPU 具有延伸性；B 链段与异氰酸酯反应生成的氨酯链也被称为硬链段，具有刚性和硬性，通过调整 A、B 链段的比例，可使 TPU 具有可调节的硬度、高弹性、耐磨损、耐化学腐蚀等特性。

　　由于 POSS 分子具有纳米级尺寸，因此在改性 TPU 时可以在 TPU 分子链之间形成纳米级的填充物，有效地提高 TPU 的强度、刚度和耐热性能。但惰性 POSS 只能通过静电相互作用、范德瓦耳斯力和氢键等与 TPU 分子相互作用，这种分子链间的相互作用相对较弱，类似物理交联作用，因此对 TPU 的性能改性效果非常有限。而反应型 POSS 由于自身带有可与 TPU 发生化学键合的反应性基团，可通过化学交联的方式与 TPU 分子中的羟基和异氰酸酯基团发生交联，减少 POSS 分子在 TPU 中的团聚现象，有利于 POSS 分子更好地分散，从而将 POSS 的改性效果发挥到最大。POSS 交联改性可以提高 TPU 的强度、刚度、耐热性和成型性，使其在高温下不易分解，更容易加工和成型，如通过注塑、挤出等方式制成各种形状的制品，除此之外，POSS 的交联改性也能有效地实现 TPU 的硬度、弹性等性能调节，从而满足不同的应用需求。同样基于 POSS 的可设计性，可根据热塑性聚氨酯的种类以及应用场景定向设计制备官能度及活性基团不同的 POSS 分子，制备交联密度可控、交联结构可调的 POSS/TPU 复合材料，进而调控 TPU 的物理机械性能、耐热性能和耐老化性能等。Liu 等[10]将八氨基苯基多面体低聚倍半硅氧烷（oapPOSS）与 4, 4′-亚甲基双(2-氯苯胺)用作交联剂，制备含有 POSS 的聚氨酯网络。如图 3-8 所示，使用聚乙二醇和甲苯-2, 4-二异氰酸酯制备聚氨酯预聚物，然后使用 oapPOSS 作为交联剂制得含 POSS 的八臂星形聚氨酯预聚物，随后在该体系中加入 4, 4′-亚甲基双(2-氯苯胺)得到 POSS 交联改性的聚氨酯杂化弹性体。

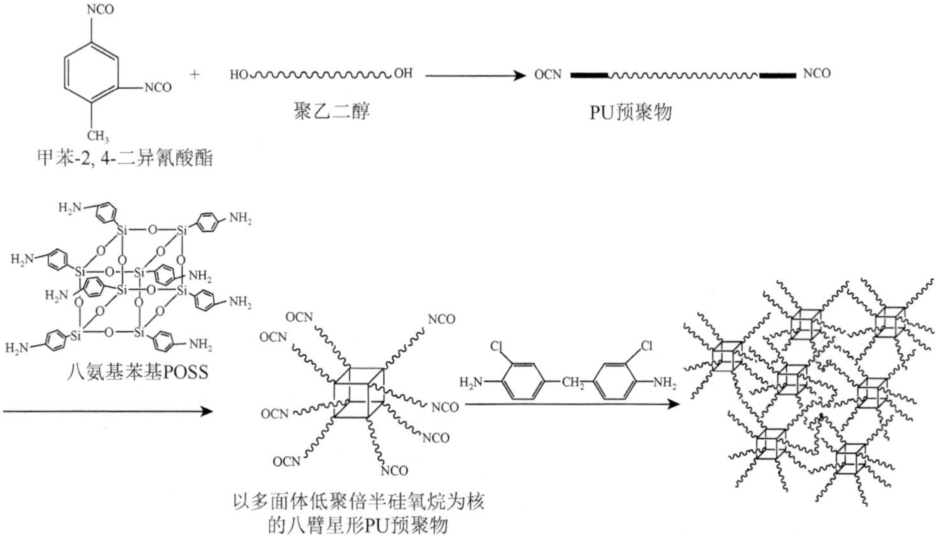

图 3-8　带有 POSS 的聚氨酯的合成路线[10]

反应型 POSS 除可作为交联改性剂改性 TPU 之外，还可在合成 TPU 前与原材料共聚从而制备出带有 POSS 笼形结构的新型 TPU 材料。该方法可以将 POSS 分子在分子层面上分散于 TPU 分子链中。Mahapatra 等[11]采用 A2 + B3 方法，利用二醇丁基 POSS、三乙醇胺、聚(ε-己内酯)二醇和 4, 4′-亚甲基双(苯基异氰酸酯)与扩链剂的反应，得到了 POSS 基新型热塑性超支化聚氨酯弹性体杂化材料，如图 3-9（a）所示。同时使用扫描电子显微镜观察了超支化聚合物的形态，确认 POSS 在杂化聚合物中的分布情况，如图 3-9（b）～（d）所示，发现当 POSS 分子以共价方式附着在超支化聚合物的骨架上时，POSS 分子没有形成任何团聚晶体，表明交联有助于 POSS 的均匀分散。

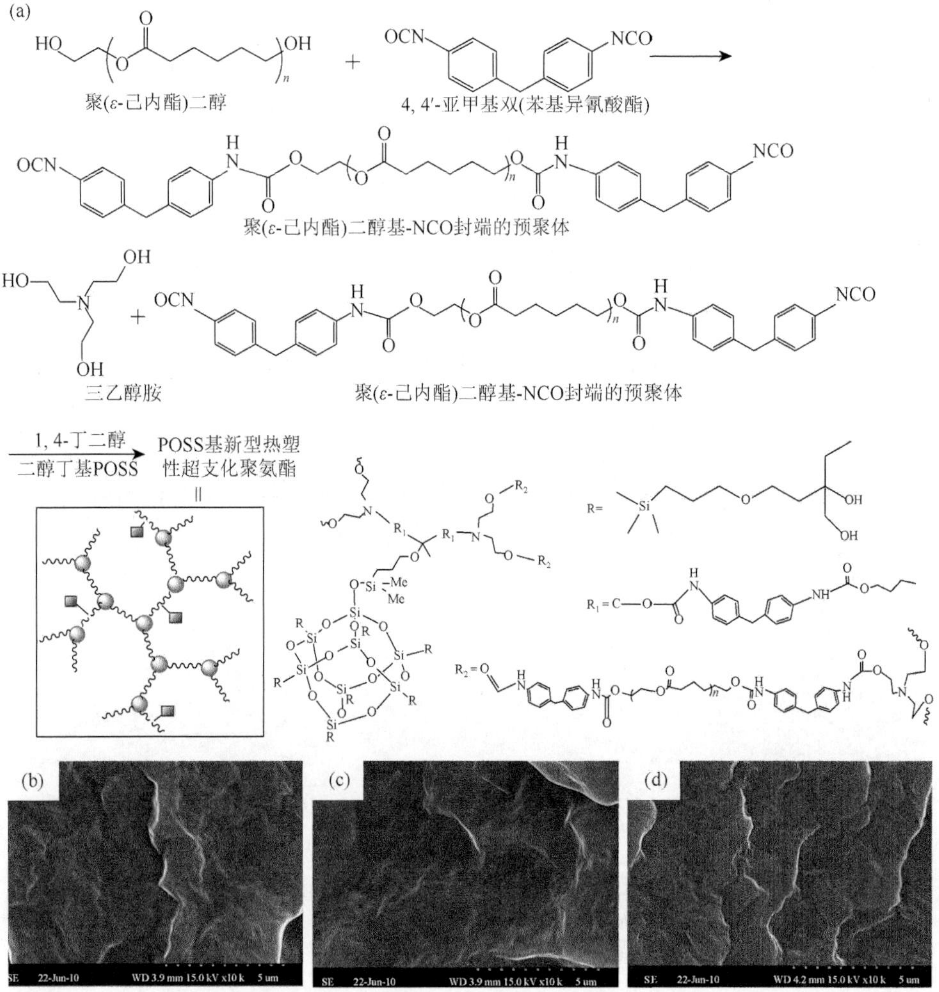

图 3-9　POSS 交联合成新型热塑性超支化聚氨酯弹性体杂化材料

（a）POSS 基新型热塑性超支化聚氨酯的合成路线；（b）～（d）2.5 wt%、5 wt%、7.5 wt%的二醇丁基 POSS 改性的新型热塑性超支化聚氨酯弹性体的 SEM 断面图像[11]

3.2　POSS 交联改性弹性体复合材料结构与功能的关系

3.2.1　POSS 交联改性热固性弹性体复合材料结构与耐烧蚀性能

热防护材料是一种通过烧蚀过程保护火箭发动机金属或复合材料外壳的材料，这种材料在热流作用下能发生分解、熔化、蒸发、升华、侵蚀等物理和化学变化，并借助材料表面的质量消耗带走大量的热，从而达到阻止热流传入壳体、防止壳体变形的目的。在烧蚀分解过程中，主要形成 3 个区域，如图 3-10 所示，分别为碳化层：固体推进剂燃烧过程中受高温影响产生碳层的第一个区域；热解层：介于碳化层和原始层之间的区域，该区域发生热防护材料的分解和热解；原始层：由未反应的热防护材料组成的区域。碳层形成于碳化层是热防护材料成功发挥作用的主要决定条件。

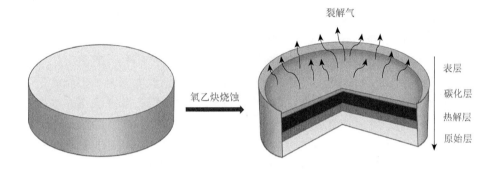

图 3-10   热防护材料在烧蚀过程中形成的三个主要区域

碳层越坚固稳定，热防护材料的消耗就越慢，从而导致烧蚀率较低。烧蚀率是决定烧蚀性能的重要参数，表示一定时间内热防护材料的衰退或消耗情况，主要包括线性烧蚀率（LAR）和质量烧蚀率（MAR），计算公式如下所示：

$$LAR = \frac{l_1 - l_2}{t} \tag{3-1}$$

$$MAR = \frac{m_1 - m_2}{t} \tag{3-2}$$

其中，m_1 和 l_1 分别为试样测试前的初始质量（g）和厚度（mm）；m_2 和 l_2 分别为烧蚀后试样的质量和厚度[12]。烧蚀防热材料一般以复合材料的形式出现，其中以弹性体为基体的柔性烧蚀材料具有柔韧性和可塑性。相比于传统的刚性烧蚀材料，柔性烧蚀材料能够在高温和高速气流环境下更好地适应结构表面的形状变化和应力变化[13]。

目前在绝热层的烧蚀防热领域，柔性烧蚀材料主要为以碳基弹性体为代表的丁腈橡胶（NBR）、EPDM[14, 15]和以非碳基弹性体为代表的硅橡胶（SR）[16, 17]及聚磷腈弹性体。但弹性体本身的烧蚀性能难以满足未来发展的需求，通常依靠填充抗烧蚀填料提高热防护材料的抗烧蚀性能，但填料与基体的界面相容性差、热物理、化学转变协同效果差等问题会使形成的烧蚀层结构松散，难以抵抗高速气流的冲刷。所以设计既具有优异的抗烧蚀性能又具有与基体良好相容性的改性剂是更有效提高烧蚀性能的关键。所以，将带有活性基团的反应型 POSS 以共价交联的方式引入相应的材料分子结构中，能有效避免界面相容性差的问题，改善材料的力学性能，同时无机 Si—O—Si 笼结构在高温下发生热氧化分解后可以形成熔融的 Si—C—O 保护层覆盖在碳化层表面，减少外部热量向材料内部传递，改善材料的烧蚀性能[18]。

对于液体硅橡胶基耐烧蚀材料，马晓燕等采用反应型二乙烯基 POSS（DV-DDSQ）以及四乙烯基 POSS（TV-DDSQ）对其进行改性[6, 19]，其中 TV-DDSQ 经过铂催化的硅氢加成反应交联制备了 SR 柔性热防护材料，如图 3-11（a）所示。结果表明，TV-DDSQ 与 SR 共价交联后可使烧蚀表面致密，燃烧后无可见气孔或裂纹，可有效阻断外界热流、隔离氧气，达到耐高温抗氧化的效果。同时，对燃烧残渣表面的 EDS 分析表明，1 phr TV-DDSQ/SR 燃烧残渣表面的 Si 含量远高于 SR 燃烧渣，表明 TV-DDSQ 的高分散性以及与 SR 的共价交联可以提高 SR 表面形成的陶瓷结构的致密化程度，导致 SR 碳化物表面的 Si 原子含量增加和表面致密化，如图 3-11（a$_0$）～（a$_3$）和（b$_0$）～（b$_3$）所示，宏观表现为阻燃效果增强。

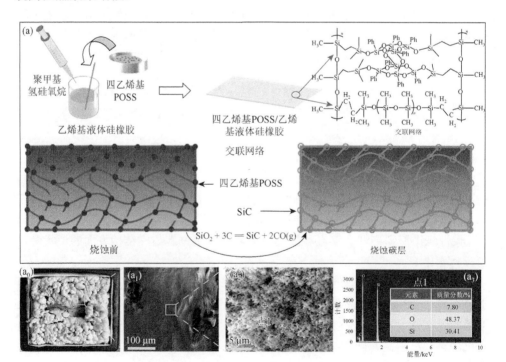

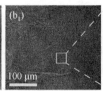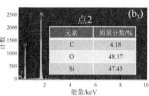

图 3-11　四乙烯基 POSS 交联改性硅橡胶[19]

（a）四乙烯基 POSS 与硅橡胶的固化过程及烧蚀前后结构；(a₀)～(a₃) 硅橡胶锥形量热仪烧蚀后的 SEM 图和
EDS 结果；(b₀)～(b₃) 1 phr 四乙烯基 POSS 改性的硅橡胶的锥形量热仪烧蚀后的 SEM 图和 EDS 结果

Liu 等[7]通过将 EOPS 上的乙氧基和 HPDMS 上的羟基进行交联，制备了具有良好热屏蔽性能和抗烧蚀性能的 EOPS 交联 HPDMS，如图 3-12 所示。EOPS 的加入促进了复合材料的有效交联，提高了复合材料的机械强度。同时，均匀分散的 EOPS 具有良好的交联性，提高了复合材料的热稳定性和热屏蔽性能，当 EOPS 含量为 10 wt%时，线性烧蚀率和质量烧蚀率分别下降了 22.4%和 32.4%。对烧蚀层进行 FTIR 分析以确定其成分，发现由原始层向表层发生谱线上—CH₃峰在热解层中衰减，在碳化层和表层中消失，表明有机基团在烧蚀过程中被分解。1651 cm⁻¹处的 N—H 峰减弱，证明了笼形 EOPS 结构的变化。表层的谱线上除了 Si—O 和 Si—C 以外没有出现其他峰，这意味着 Si—O 和 Si—C 结构可能是无机成分，进一步通过 X 射线衍射（XRD）分析有机结构向无机成分的转移，EOPS@HPDMS 的无定形结构（11.9°）在原始层向热解层过渡的过程中逐渐减弱，并在碳化层中消失，证实了材料的逐渐分解。碳化层的谱图中出现无定形峰（25.08°），表明存在无机碳，这意味着材料在极热条件下逐渐分解成多孔无机结构。在表层，不仅出现较强的 Si_aO_b 无定形峰，而且出现 SiC 峰，且 SiC 峰值增强，表明在碳化层和表层中发生了原位陶瓷化，无机碳可能被氧化或还原，形成 Si_aO_b 和 SiC 陶瓷产物，如图 3-13 所示。进一步对不同 EOPS 含量改性的 EOPS/HPDMS 复合材料的烧蚀表面进行定性分析，由 FTIR、XRD 谱图可知，随着 EOPS 含量的增加，SiO₂峰值有规律地减小，而 SiC 和 Si_aO_b 的峰值则越来越高，说明在烧蚀过程中随着 EOPS 含量的增加，SiC 的含量明显增加。SiC 可作为隔热罩进一步保护复合材料免受难以忍受的热量和难以承受的压力，增强抗烧蚀性能。

中国航天科技集团有限公司第四研究院第四十二研究所、中国航天科工集团有限公司第六研究院四十六所、中国航天科工集团有限公司第六研究院 210 所、中国兵器工业第 204 研究所等研究单位，以及北京理工大学、北京化工大学、武汉理工大学、西安交通大学和西北工业大学等高校均开展了 POSS 改性三元乙丙橡胶耐烧蚀性能方面的研究[20, 21]。Li 等[21]采用实验性固体火箭发动机（SRM）考察了多壁

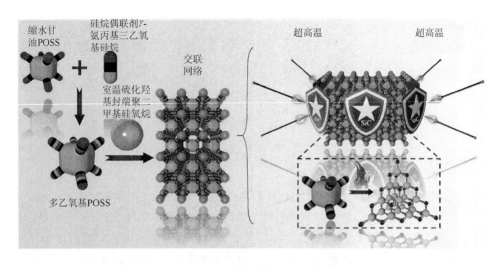

图 3-12 EOPS 交联改性聚二甲硅氧烷

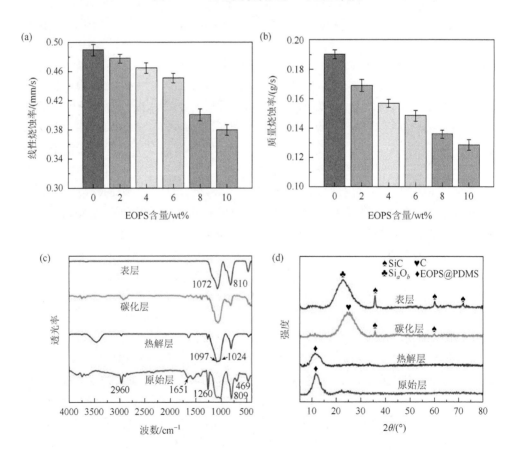

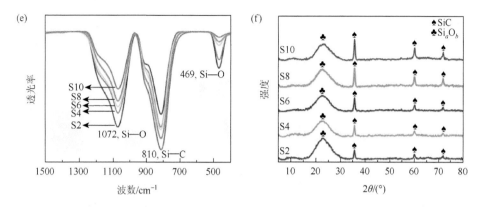

图 3-13　EOPS 交联改性聚二甲基硅氧烷

（a）改性聚二甲基硅氧烷的线性烧蚀率随 EOPS 含量的变化；（b）改性聚二甲基硅氧烷的质量烧蚀率随 EOPS 含量的变化；烧蚀层的（c）FTIR 和（d）XRD 表征；不同含量 EOPS 交联聚二甲基硅氧烷烧蚀层的（e）FTIR 谱图和（f）XRD 谱图（S$_2$～S$_{10}$ 为对应的 EOPS 含量为 2 wt%～10 wt% 的样品）[7]

碳纳米管（MWCNT）、SiC 纳米线、甲基-多面体低聚倍半硅氧烷（methyl-POSS）和硼酚醛树脂对 EPDM 烧蚀碳层多孔结构的影响。结果发现，烧蚀试验后未改性的 EPDM 原样的碳层完整，具有明显的多层结构，且在边缘可以识别出明显的流动侵蚀痕迹，说明碳层与基质层之间的黏附力弱，以及碳层对流动侵蚀的抵抗力较低，易被高速气流冲刷。SiC 和硼酚醛树脂改性后的碳层表面显示出分层结构和流动剥蚀痕迹，但与未改性三元乙丙橡胶相比，分层结构不规则。MWCNT 改性的 EPDM 的碳层表面没有分层迹象，只能清楚地看到微弱的流动侵蚀迹象，说明碳层较厚，线性烧蚀率较低。此外，methyl-POSS 改性的 EPDM 的碳层非常光滑，有轻微的流动侵蚀痕迹，完全没有层级结构，具有较优的流动侵蚀抵抗能力，质量烧蚀率最低，比对照样低 28.04%。

刘昊东等[22]采用八甲基丙烯酰氧基丙基 POSS（OMA-POSS）改性 EPDM，经过氧化物交联制备 OMA-POSS 交联改性的 EPDM 耐烧蚀复合材料，在提高弹性体交联密度的同时，弹性体的热稳定性也得到有效的提高，进而也能提高材料的耐烧蚀性。另外，大部分 OMA-POSS 与聚合物键合后形成分子级水平分散，且受热分解后可在隔热层材料表面形成一层比普通碳层更致密的 Si—C—O 陶瓷层，此陶瓷层可避免聚合物基体与可燃物和火焰区的氧气接触，使燃蚀止步于聚合物表面，从而达到改善耐烧蚀性能的目的。当气相纳米 SiO$_2$ 含量为 20 phr、MA-POSS 含量为 3 phr 时，复合材料的线性烧蚀率和质量烧蚀率比原样分别低 24.2% 和 25.7%。

此外，马晓燕等在以往的工作中也设计合成了多种不同结构的 POSS[4, 5]，并针对 EPDM 中存在的双键结构以及活性位点，采用反应型 POSS 改性三元乙丙橡胶烧蚀材料以及硅橡胶烧蚀材料，探究了双官能度反应型 POSS：DV-DDSQ、二氢基 POSS（DH-DDSQ）以及 DN-DDSQ 对三元乙丙橡胶的力学性能以及耐烧蚀性能的影响，发现反应型 POSS 与三元乙丙橡胶分子链交联可以有效地提高体系的交联密度，进而增强耐烧蚀性能，同时致密的交联网络和无机—Si—O—层显著提升了材料的热稳定性及耐烧蚀性。DV-DDSQ 和 DH-DDSQ 对 EPDM 性能的影响如图 3-14 所示。DV-DDSQ 和 DH-DDSQ 通过提高 EPDM 的交联密度和凝胶含量，从而使 EPDM 在保持较高断裂伸长率的同时拉伸强度分别提高了 38.5%和

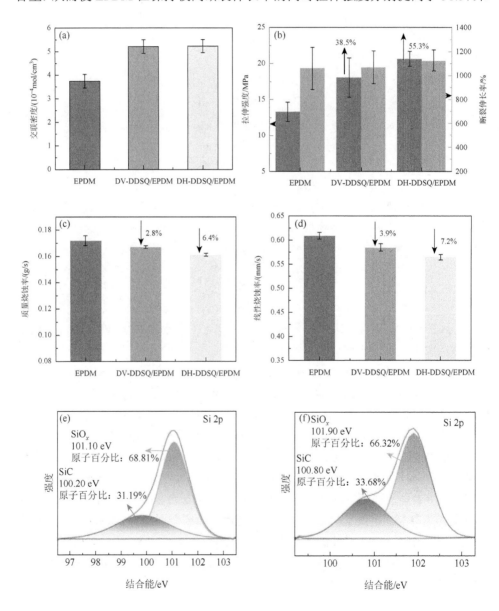

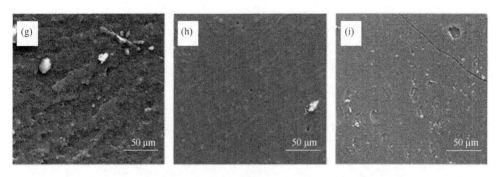

图 3-14　DV-DDSQ 和 DH-DDSQ 对 EPDM 性能的影响

（a）交联密度；（b）拉伸强度和断裂伸长率；（c）质量烧蚀率；（d）线性烧蚀率；（e）、（f）DV-DDSQ/EPDM、DH-DDSQ/EPDM 烧蚀碳层的 XPS 谱图；（g）～（i）EPDM、DV-DDSQ/EPDM、DH-DDSQ/EPDM 的烧蚀碳层表面形貌[4]

55.3%，质量烧蚀率分别下降了 2.8%和 6.4%，线性烧蚀率分别下降了 3.9%和 7.2%。SEM 照片以及 XPS 分析结果表明，相比于 EPDM，EPDM/POSS 复合材料高温热解产物表面更加致密，同时碳化层形成了由 SiO_x 和 SiC 组成的陶瓷结构。

　　DN-DDSQ 对 EPDM 性能的影响如图 3-15 所示，结果表明，DN-DDSQ 改性的 EPDM 复合材料的交联网络得到改善，交联密度提高，力学性能得到改善。同时，致密的交联网络结构和耐烧蚀的无机 Si—O—Si 笼共同增强了材料的耐烧蚀性能，5 phr DN-DDSQ 改性芳纶纤维（AF）增强 EPDM 的线性烧蚀率降低了

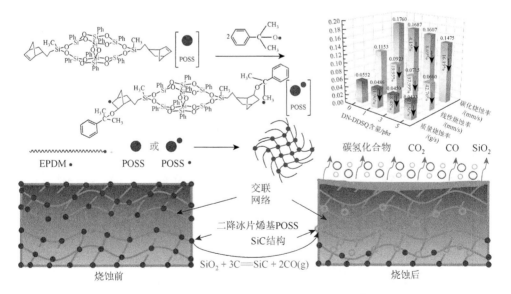

图 3-15　DN-DDSQ 对 EPDM 性能的影响[5]

42.76%。通过热化学转化和烧蚀碳层分析，建立了 DN-DDSQ 改性 EPDM 的烧蚀机理，并提出 DN-DDSQ 改性 EPDM 耐烧蚀复合材料可以在较低温度下促进 SiC 原位转化，在较高温度下进一步热分解，在烧蚀过程中吸收更多能量抵抗氧乙炔火焰，提高材料的耐烧蚀性[5]。

3.2.2　POSS 交联改性热固性弹性体复合材料结构与阻燃性能

阻燃性是指能够降低可燃物的可燃性，在燃烧过程中能够稀释可燃性气体的浓度，减缓或者阻止火焰蔓延的性质。从可燃物的燃烧过程分析，要达到阻燃的目的，务必切断可燃物、热和氧气 3 个要素中任何一个的燃烧循环。聚合物的阻燃机理有多种形式，包括化学、物理和二者结合等。POSS 作为一类结合了有机材料与无机材料的新型杂化硅系阻燃材料，具有绿色、环保、无污染的优点，其不仅能提高聚合物阻燃性能与耐热性能，对聚合物的加工性能、力学性能等其他使用性能也有很好的改善作用；归属于无卤、无毒、环境友好型阻燃材料。POSS 基阻燃材料体系中存在 POSS-POSS 间、聚合物-聚合物间、POSS-聚合物间的分子间或氢键作用力，此类分子力能够阻碍聚合物分子中的链段运动，从而降低聚合物的分解速率，增强材料的热稳定性能。另外，聚合物与 POSS 分子间通过化学键连接产生的交联作用也会在一定程度上限制分子链段的运动，进而减少体系中低分子量链的占比，减缓材料的燃烧过程。POSS 燃烧后会在聚合物表面形成坚固、稳定的 Si—O—C 以及 Si—O 等绝热阻隔层[23, 24]，该阻隔层具有隔热、隔氧的特点；可以隔绝氧气与可燃物的接触、减少辐射到基材的热量，抑制基体的进一步降解或燃烧从而使燃烧中断，达到阻燃的目的。

硅橡胶由于具备键能较高的 Si—O 键，具有较好的热稳定性，甚至有些种类硅橡胶的正常使用温度可以达到 180℃以上，但与其他高分子材料相同，存在易燃的缺陷，因而硅橡胶阻燃性能的研究与提升颇具科研意义与工程应用价值。

Wu 等[25]通过采用单乙烯基 POSS（HPVPOSS）固化液体硅橡胶成功制备了一种具有优异阻燃性能和力学性能的加成固化液态硅橡胶（ALSR）。添加 10 phr HPVPOSS 的 ALSR 纳米复合材料在垂直燃烧试验中通过了 UL-94 V-0 等级，极限氧指数（LOI）达到 31.0%。与 ALSR 相比，峰值热释放率（PHRR）、平均热释放率（AV-HRR）、总热释放（THR）、峰值烟雾产生率（PSPR）和总烟雾产生量（TSP）分别降低了 31.8%、4.6%、28.7%、29.4%和 43.3%。HPVPOSS 可能的阻燃机制主要是自由基的猝灭作用和对 ALSR 交联碳化的催化作用。一方面，HPVPOSS 分解生成刚性核自由基和苯自由基，抑制了 ALSR 在缩合相中的热降解，猝灭了气相中的活性自由基；另一方面，HPVPOSS 作为交联点，促进了 ALSR

的交联碳化，在 ALSR 表面形成了致密的陶瓷保护层，对热传递和氧扩散起到了有效的屏障作用，如图 3-16 所示。

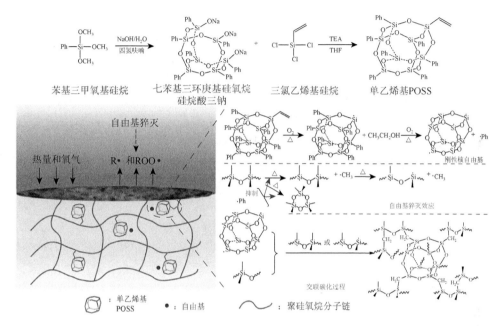

图 3-16　单乙烯基 POSS 改性固化液体硅橡胶的阻燃性能与阻燃机制[25]

Rybiński 等[26]采用异丁基氨基丙基 POSS（AM-POSS）、氯丙基 POSS（HA-POSS）、乙烯基 POSS（OL-POSS）改性硅橡胶。结果发现，POSS 在硅橡胶复合材料的热分解和燃烧过程中参与了交联和环化反应。乙烯基 POSS 对硅橡胶的交联和热环化过程具有催化作用。通过 SEM-EDX 分析发现，POSS 改性的硅橡胶复合材料在热分解过程中形成的陶瓷涂层可以有效阻隔热流，提高硅橡胶复合材料的热稳定性，降低可燃性。

杨荣杰等[27]采用笼形八苯基倍半硅氧烷（OPS）改性 EPDM，表征了材料的力学性能和阻燃性能，并利用热重分析仪考察了材料的热稳定性，利用锥形量热仪测试了材料的热释放速率等多种燃烧参数。结果表明，EPDM/OPS 复合材料相比于 EPDM，力学性能、耐热性能和阻燃性能均有提高，由于 POSS 独特的杂化结构，OPS 与 EPDM 基体相容性能良好，使 OPS 改性后力学性能得到明显的改善，20 phr OPS 改性 EPDM 拉伸强度相比于纯 EPDM 增加了近一倍。随着 OPS 加入量的增加，复合材料的 LOI 与热稳定性能逐渐上升，PHRR 逐渐下降，当 EPDM 体系加入 20 phr OPS 时，氧指数由 19.5 提高到 23.1，初始热分解温度由

336℃提高到 355℃，热释放速率由 813.4 kW/m² 降低到 664.2 kW/m²，降低 18.3%。

3.2.3　POSS 交联改性热固性弹性体复合材料结构与高强高韧性能

　　高强高韧热固性弹性体复合材料具有广泛的应用前景，如在航空航天、汽车制造、医疗器械、电子设备等领域中可以替代传统材料，提高产品抗冲压和抗裂纹扩展性能，延长使用寿命。由于 POSS 具有纳米级尺寸和周围可接枝的表面官能团，它可以通过增强与聚合物基体的相容性和界面结合强度减少复合材料的界面裂纹和降低拉伸失效。此外，当 POSS 外键连接反应性基团时可以与聚合物基体发生键合，形成更多的共价键和更致密的三维网络结构，从而提高力学性能。

　　同时，POSS 分子的笼形结构可以增强聚合物基体的刚性，有效防止聚合物分子的自由旋转和移动，从而提高复合材料的刚性和强度，降低聚合物的收缩率和热膨胀系数，提高材料的尺寸稳定性。因此，采用 POSS 交联改性弹性体基体的力学性能，制备高强高韧热固性弹性体是一种较为有效的改性手段。

　　Yang 等[28]对丁腈橡胶/高氯酸锂/多面体低聚倍半硅氧烷（NBR/LiClO₄/POSS）纳米复合材料的力学性能和可能的微观结构进行了深入的研究。通过对 NBR、POSS、NBR-Li-$x$wt%POSS 进行 FTIR、DSC 测试发现，Li⁺、—CN 基团和 POSS 中的—C—O—C—基团相互作用，形成了由多种有效交联组成的新型网络结构，如图 3-17（a）所示，NBR/LiClO₄/POSS 纳米复合材料中 Li⁺ 可能存在 6 种结合状态（A～F）。A 类属于 LiClO₄ 在橡胶基体中聚集，类似于无机填料。LiClO₄ 团簇与无机填料的最大区别在于 LiClO₄ 团簇可以与—CN 基团相互作用形成有效的交联。同时，部分 Li⁺ 只能与一个—CN 配位（B），呈悬垂尾状，不利于交联。相比之下，大多数 Li⁺ 与至少两个—CN 基团相互作用，导致交联密度大大提高。当加入 POSS 时，Li⁺ 不仅可以与—CN 基团相互作用，还可以与 POSS 的 PEG 侧链中的—C—O—C—基团相互作用（D），这将有利于进一步提高 NBR/LiClO₄/POSS 纳米复合材料的交联密度。Li⁺ 与 PEG 链段中的—C—O—C—基团可以实现两种可能的相互作用：Li⁺ 与 POSS 分子中的两个—C—O—C—基团之间的分子间（E）和分子内（F）相互作用。前者可以增多 NBR/LiClO₄/POSS 纳米复合材料中的交联点，而后者是无效交联点。NBR/LiClO₄/POSS 纳米复合材料的微观结构与其力学性能密切相关。图 3-17（b）显示了 NBR 和 NBR/LiClO₄/POSS 纳米复合材料的横向弛豫时间与弛豫强度的关系。与 NBR 相比，NBR/LiClO₄/POSS 纳米复合材料的弛豫强度下降得更快，尤其是 NBR-Li-20 wt% POSS 纳米复合材料。弛豫时间（T_2）的降低表明聚合物链的流动性受到严重限制，这也是交联密度的一种反映，即 T_2 值越低，交联密度越高。因此，NBR-Li-20 wt%

POSS 复合材料具有较高的交联密度，POSS 的有效交联（D 和 E）是提高 NBR/LiClO₄/POSS 纳米复合材料性能的主要因素。如图 3-17（c）所示，纯 NBR 的应力-应变曲线在低应变（低于 100%）时上升，然后经历一个较长的橡胶平台区，直至断裂，这被普遍认为是未交联橡胶在外加应力作用下的特征蠕变变形。NBR/LiClO₄/POSS 纳米复合材料在初始阶段也有相同的过程，但在一定的应变后，出现了一个上升的曲线，这与纯 NBR 有很大的不同，归因于交联作用。所有测试样品的橡胶态平台区域较长，表明形成了有效的物理缠结。随着 POSS 用量的增加，NBR/LiClO₄/POSS 纳米复合材料的力学性能先增加，然后由于 POSS 的塑性效应而适度降低。

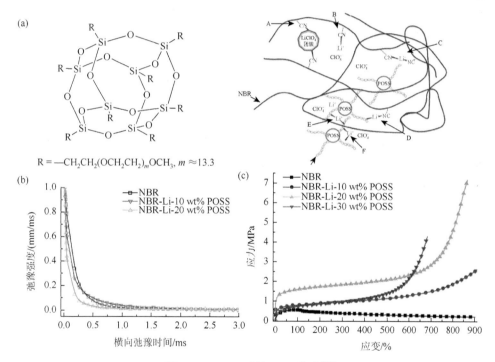

图 3-17　POSS 改性 NBR 策略[28]

（a）NBR/LiClO₄/POSS 纳米复合材料中 Li⁺可能存在的 6 种结合状态；（b）横向弛豫时间与弛豫强度的关系；（c）应力-应变曲线

Lee 等[29]研究了两种不同结构 POSS，笼中含有一个反应性的丙烯酸酯基团和 7 个非反应性的异丁基的丙烯酰异丁基 POSS（AIBuPOSS）以及笼中不含丙烯酸酯基团的八异丁基 POSS 对过氧化物硫化的 EPDM 体系硫化行为、力学性能的影响。振荡圆盘流变仪分析表明，POSS 的丙烯酸酯基团被过氧化二异丙苯活化，提高了过氧化物的交联效率。对 EPDM/POSS 硫化胶进行固体 ^{29}Si NMR 分析和场发射扫描电镜能谱分析,结果表明,AIBuPOSS 在硫化过程中共价接枝到 EPDM 链上,并在橡胶基体中以纳米尺度均匀分散。EPDM/AIBuPOSS 纳米复合材料在拉伸、撕裂强度和弹性模量方面表现出极大的改善,同时断裂伸长率增加。所有结果表明,POSS 的丙烯酸酯基团在提高过氧化物交联效率、增强力学性能方面发挥了重要作用,含丙烯酸酯基团的 POSS 可作为过氧化物硫化胶的有效助剂和补强填料。

Pan 等[30]将四个单乙烯基 POSS 通过硅氢加成反应连接到一个硅氧烷核(TDSS)上,获得尺寸介于 POSS 和二氧化硅颗粒之间的填料颗粒,如图 3-18(a)所示。简单将该 POSS 基填料共混到硅羟基封端的聚二甲基硅氧烷(PDMS)中,对机械性能几乎没有影响[图 3-18(b)],但当 POSS 填料与聚合物网络部分化学键合时,得到了截然不同的结果[图 3-18(c)],拉伸强度和断裂伸长率都有较大幅度的提高,这是由于 POSS 与 PDMS 化学键合可以显著提高 POSS 在聚合物基体中的分散性,充分分散的填料在基体中形成填料网络,可以为基体提供相当大的增强作用。

Sun 等[17]将具有反应性 C=C 双键的液态丙烯酸 POSS 作为一种有效的纳米填料用于加成型液体硅橡胶(LSR)的改性,获得了液体丙烯酸 POSS 和气相二氧化硅填料增强的加成型 LSR 复合材料,如图 3-19(a)所示。丙烯酸 POSS 共价结合到硅橡胶基体中,通过增加交联密度提升机械性能,即可得到储能模量、拉伸强度和硬度更高的改性硅橡胶复合材料。如图 3-19(b)所示,在气相法白炭黑补强有机硅橡胶中,随丙烯酸 POSS 含量的增加,LSR 复合材料的储能模量

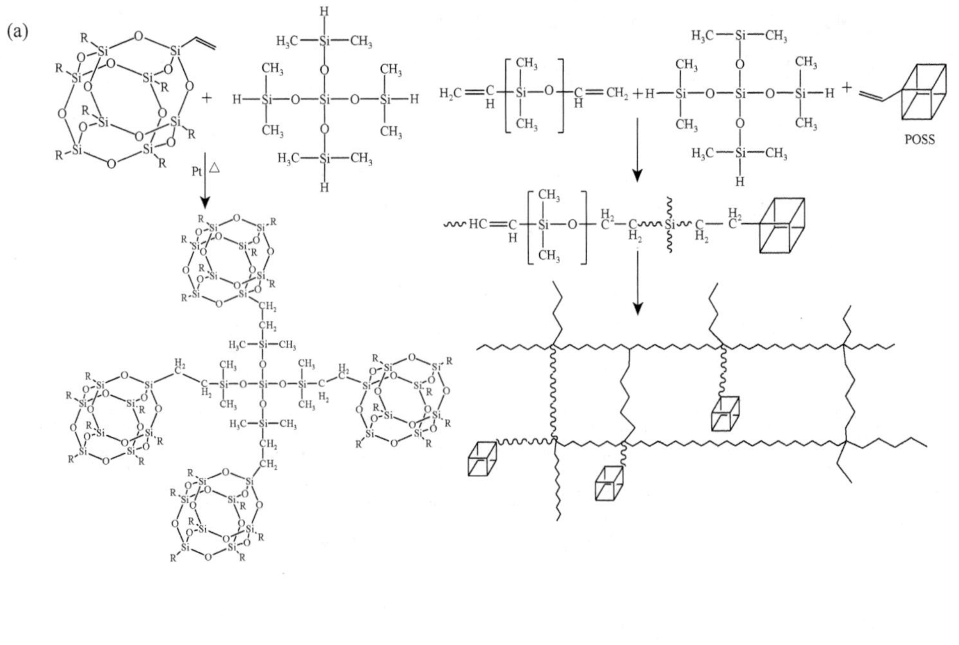

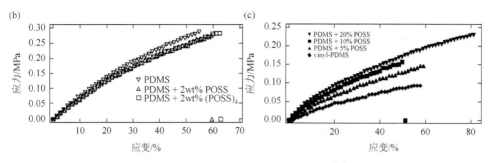

图 3-18　单乙烯基 POSS 改性硅橡胶[30]

（a）单乙烯基 POSS 硅氢加成连接到一个硅氧烷核和单乙烯基 POSS 交联硅羟基端的聚二甲基硅氧烷；（b）
POSS 基填料简单共混到硅羟基封端的聚二甲基硅氧烷中的应力-应变曲线；（c）POSS 填料与硅羟基封端的聚二
甲基硅氧烷化学键合的应力-应变曲线

逐渐提高，根据经典的橡胶弹性理论，硅橡胶的交联密度与储能模量成正比，也
证明随丙烯酸 POSS 含量的增多，交联密度提高。除此之外，丙烯酸 POSS 改性
可有效提高拉伸强度，且添加 1.5 phr 丙烯酸 POSS（LSR-3）时拉伸强度提高 66%，
如图 3-19（c）所示。总之，丙烯酸 POSS 可以作为功能性和高效的纳米填料用
于制备高质量的 LSR 复合材料。

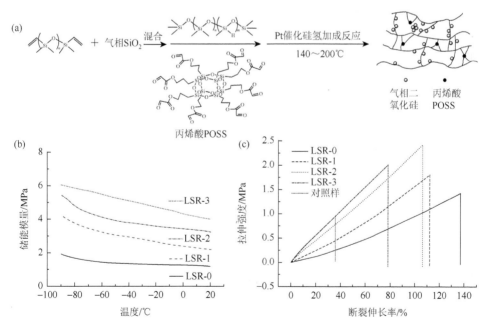

图 3-19　液体丙烯酸 POSS 改性加成型液体硅橡胶[17]

（a）液体丙烯酸 POSS 与气相二氧化硅填料增强的加成型 LSR 复合材料；（b）液体硅橡胶复合材料的储能模量
随丙烯酸 POSS 含量的变化；（c）丙烯酸 POSS 改性液体硅橡胶复合材料的拉伸强度-断裂伸长率曲线

3.3.4　POSS 交联改性热塑性弹性体复合材料结构与性能

热塑性弹性体如 PU，在纺织、建筑、航空、船舶、交通、医药、电子等领域都有广泛的应用。针对不同的使用环境以及适用领域，需要热塑性弹性体具备各种不同的性能。在热塑性弹性体的研究中，改善其力学性能、热稳定性以及阻燃性能成为学者关注的重点领域。对于热塑性弹性体力学性能、热稳定性以及阻燃性的改善，与常见的填料改性（纳米 SiO_2、Fe_2O_3、TiO_2、硅酸盐、石墨烯等）相比，POSS 由于内部的—Si—O—Si—笼结构和外部有机侧链的可设计性与材料基体进行接枝或共聚从而可形成具有高强度、高耐热、高阻燃性能的热塑性弹性体材料[31]。Liu 等[32]合成八氢倍半硅氧烷（opePOSS），并将opePOSS 掺入 PU 中制备杂化纳米复合材料，交联结构如图 3-20（a）所示。结果表明，随着 POSS 含量的增加，POSS 杂化聚氨酯复合材料的玻璃化转变温度（T_g）逐渐升高[图 3-20（b）]。玻璃化转变温度的升高通常是由于聚合物基质中 POSS 的纳米加固，这种加固能够限制大分子链的运动。POSS 的无机纳米笼

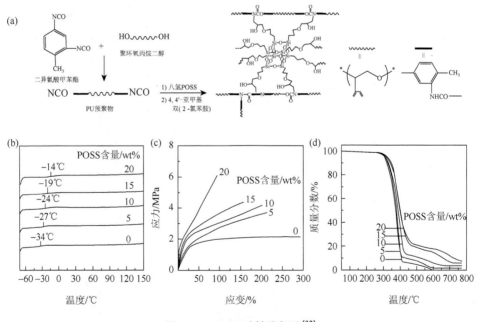

图 3-20　POSS 改性聚氨酯[32]

（a）有机-无机杂化聚氨酯的合成示意图；（b）对照聚氨酯及其 POSS 杂化复合材料在升温速率为 20 ℃/min 下的DSC 曲线；（c）应力-应变曲线；（d）空气气氛下对照聚氨酯及其与 POSS 杂化复合材料的热重分析（TGA）曲线

和分子链运动的限制能有效影响材料力学及耐烧蚀性能,如图 3-20(c)所示,与聚氨酯相比,opePOSS 改性的聚氨酯复合材料的杨氏模量提高,且随 POSS 含量的增加而逐渐增大。这种增大可基于两个原因:首先是 POSS 笼在聚合物基体上的纳米加固;其次是网络交联密度的增加。POSS 的纳米强化作用可归因于纳米尺寸的 POSS 对大分子链变形的限制,这可通过材料 T_g 的升高反映出来。材料的热稳定性能如图 3-20(d)所示,由于—Si—O—Si—笼结构优异的热稳定性和 opePOSS 在聚氨酯中的纳米级分散使 opePOSS 改性的聚氨酯复合材料的初始热分解温度升高,并随着 POSS 含量的增加而升高。在他们的另一项研究中,Liu 等[33]合成了含有八氨基苯基 POSS(oapPOSS)的 PU 网络,用 oapPOSS 替代部分芳香胺交联剂,制备出带有 POSS 笼的交联 PU,如图 3-21 所示。结果表明在 PU 网络中加入 oapPOSS 显著提升了高温下材料的热稳定性和焦炭产率。

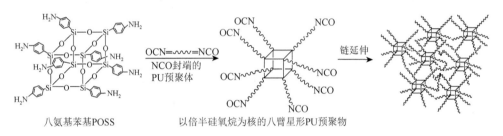

八氨基苯基POSS　　　　以倍半硅氧烷为核的八臂星形PU预聚物

图 3-21　含有 oapPOSS 的 PU 交联网络结构[33]

Zhu 等[34]通过 N-苯氨基丙基 POSS 与二苯基次膦酰氯的反应,合成了一种新型的含磷和氮的官能化 POSS(F-POSS)。将 N-苯氨基丙基 POSS 和 F-POSS 分别与聚对苯二甲酸 1,4-丁二醇酯(PBT)混合,通过熔融共混法制备纳米复合材料。两种 POSS 对 PBT 的机械性能、热稳定性和抗热氧化性均有改善,且 PBT/F-POSS 改善效果更优。在无火焰烟密度测试的早期升温阶段,F-POSS 对 PBT 产烟有更明显的抑制作用。在锥形量热仪测试中,PBT/F-POSS 的峰值热释放率(PHRR)、峰值烟雾产生率(PSPR)、二氧化碳生成量峰值(PCO$_2$P)和一氧化碳生成量峰值(PCOP)与纯 PBT 相比分别降低了 50%、46%、45% 和 35%。残留物分析表明,PBT/F-POSS 在膨胀和碳化过程中会留下更多的碳和氧元素,在这一过程中,F-POSS 的次膦酸基团可以捕获自由基或聚对苯二甲酸 1,4-丁二醇酯产生的分解产物,从而生成稳定的 $SiO_xC_yP_z$ 网络。碳化和陶瓷化效应产生的多重保护碳化层在基材表面起到了热屏障的作用,限制了热量和质量的传递,从而显著降低了火灾、烟雾和毒性危害。

除此之外，POSS 在生物医学领域也有广泛的应用。一方面，POSS 改性的生物医用热塑性弹性体可以提高材料基体的生物相容性、生物降解性以及多功能性（引入生物相容性好的基团、可降解基团、药物缓释基团、生物识别基团等多功能基团）；另一方面通过改善热塑性弹性体的力学性能，其能承受人体内部的力学负荷。

Zhu 等[35]使用一种含胺的笼状结构单元的 POSS，通过胺-羧基反应与含羧基光敏剂二氢卟吩 e6（Ce6）交联。在纳米粒子表面进一步修饰聚乙二醇，以改善水分散性，延长最终纳米结构的循环时间。制备的 POSS-Ce6-PEG 具有相当高的 Ce6 负载率（19.8 wt%），具有理想的荧光发射，可生成单线态氧。体外实验表明，纳米制剂显示出增强的细胞摄取和优选的线粒体和内质网内的细胞内积累，导致其在光照射下具有高抗癌效率。同时，还成功实现了体内成像引导下的光动力疗法（PDT），体现了 POSS-Ce6-PEG 的有效肿瘤靶向和消融能力。更重要的是，纳米制剂具有可忽略的暗细胞毒性和全身副作用。因此，POSS-Ce6-PEG 作为一种合格的光动力疗法治疗剂在临床应用中具有巨大的潜力。

Ghanbari 等[36]开发了一种基于 POSS 纳米粒子和聚碳酸酯脲聚氨酯（POSS-PCU）的纳米复合聚合物，该聚合物是生物相容的，并已用于人体内，用于制造世界上第一个合成气管、泪道和旁路移植物。在 POSS-PCU 样品中观察到细胞附着和增殖，明显高于对照 PCU 聚合物中观察到的活性。显微镜检查显示了接种在 POSS-PCU 上的细胞克隆扩增和形态变化。随着时间的推移，这些细胞表达的成熟内皮细胞标记物水平增加，同时造血干细胞标记物表达减少。扫描电子显微镜显示形态分化的内皮细胞和内皮祖细胞混合群体。这些结果支持使用由 POSS-PCU 聚合物制成的心脏瓣膜，并证明对这种纳米复合材料进行适当的化学修饰可以增加自内皮化潜能并减少相关的血栓的发生。

Yahyaei 等[37]将两种不同类型的 POSS 分别以物理混合和化学连接的方式添加到双组分聚氨酯涂料中，研究其对涂层表面性能的影响。结果表明，通过物理混合添加开笼 POSS 会导致 POSS 在表面偏析，而添加含有羟基官能团的 POSS 则会使其在本体和表面均匀分布。同时，表面接触角测量显示，薄膜的表面自由能从聚氨酯的 35.3 mJ/m^2 分别下降到化学和物理处理薄膜的 13.73 mJ/m^2 和 11.39 mJ/m^2，证明物理共混的 POSS 容易在薄膜表面富集，通过化学键合可抑制偏析，避免不可控的表面聚集，从而实现性能与稳定性的平衡。

由于 POSS 独特的笼形结构以及可设计性，它也可被用于改性耐腐蚀涂层热塑性弹性体，提高其防腐蚀性。针对耐腐蚀涂层基体的结构特征，设计合成可与其发生反应的 POSS，形成更致密的交联网络结构，不仅能提高基体力学性能，而且可以形成致密的保护膜。这种保护膜可以有效地隔绝涂层与外界环境的接触，防止腐蚀介质进入涂层底部，同时 POSS 分子本身具有的高热稳定性、化学稳定性和耐腐蚀性，可以进一步提高涂层的耐化学性和稳定性，能够使其更好地抵御化学腐蚀[38]。因此，POSS 改性耐腐蚀涂层热塑性弹性体复合材料可以广泛应用于金属、混凝土、木材等各种材料的防腐蚀保护。

Lai 等[39]采用溶胶-凝胶技术合成了 PU/POSS 杂化涂料。端羟基聚丁二烯（HTPB）、异佛尔酮二异氰酸酯（IPDI）和反式环己烷-二异丁基 POSS 被用作混合涂料的前体。这些混合膜通过旋涂沉积在铝合金上，以提高其防腐蚀性能。他们研究了 POSS 含量对样品结构、热性能和腐蚀性的影响。SEM 和 AFM 结果证实了 POSS 笼在聚氨酯基体中的均匀分散。动态力学分析（DMA）和 TGA 结果表明，这些 PU/POSS 杂化材料的热性能比纯聚氨酯有所改善。动电位和盐雾分析表明，与聚氨酯和未处理的铝合金基材相比，杂化膜提供了优异的阻隔性和防腐蚀性。

参 考 文 献

[1]　Kauffman G B，Seymour R B. Elastomers：Ⅱ. Synthetic rubbers. Journal of Chemical Education，1991，68（3）：217.

[2]　Queslel J P，Mark J E. Advances in rubber elasticity and characterization of elastomeric networks. Journal of Chemical Education，1987，64（6）：491-494.

[3]　Chen D Z，Yi S P，Wu W B，et al. Synthesis and characterization of novel room temperature vulcanized(RTV) silicone rubbers using vinyl-POSS derivatives as cross-linking agents. Polymer，2010，51（17）：3867-3878.

[4]　Ma X T，Ji T Z，Ma X Y，et al. Effects of difunctional reactive polyhedral oligomeric silsesquioxane on the properties of EPDM. Journal of Applied Polymer Science，2022，139（2）：51486-51497.

[5]　Ma X T，Ji T Z，Zhang J A，et al. A double-decker silsesquioxane of norbornene and performance of crosslinking reactive modified EPDM ablation resistance composites. Composites Part A：Applied Science and Manufacturing，2023，165：107370-107381.

[6]　Ma X T，Zhang J A，Ma X Y，et al. Tetrafunctional vinyl polysilsesquioxane and its covalently cross-linked vinyl liquid silicone rubber for resistance to high temperature oxidation combustion and ablative behavior. Corrosion Science，2023，221：111315-111326.

[7]　Liu H D，Zhu G M，Zhang C S. Promoted ablation resistance of polydimethylsiloxane via crosslinking with multi-ethoxy POSS. Composites Part B：Engineering，2020，190：107901-107913.

[8]　Dong F Y，Zhao P J，Dou R T，et al. Amine-functionalized POSS as cross-linkers of polysiloxane containing γ-chloropropyl groups for preparing heat-curable silicone rubber. Materials Chemistry and Physics，2018，208：19-27.

[9]　Seymour R B，Kauffman G B. Elastomers：Ⅲ. Thermoplastic elastomers. Journal of Chemical Education，1992，69（12）：967.

[10]　Liu H Z，Zheng S X. Polyurethane networks nanoreinforced by polyhedral oligomeric silsesquioxane. Macromolecular Rapid Communications，2005，26（3）：196-200.

[11] Mahapatra S S，Yadav S K，Cho J W. Nanostructured hyperbranched polyurethane elastomer hybrids that incorporate polyhedral oligosilsesquioxane. Reactive and Functional Polymers，2012，72（4）：227-232.

[12] 戴珍，罗刚堂，董玲艳，等. 轻质耐高温隔热材料及成型技术. 宇航材料工艺，2020，50（2）：27-30.

[13] Prime R B. Thermal characterization of polymeric materials. Academic Press，1983，105（16）：5518-5518.

[14] Rallini M，Puri I，Torre L，et al. Thermal and ablation properties of EPDM based heat shielding materials modified with density reducer fillers. Composites Part A：Applied Science and Manufacturing，2018，112：71-80.

[15] Gao G X，Zhang Z C，Li X F，et al. An excellent ablative composite based on PBO reinforced EPDM. Polymer Bulletin，2010，64（6）：607-622.

[16] 杨鉴枭，任芝瑞，何吉宇，等. 聚硅倍半氧烷改性光固化硅橡胶绝热耐烧蚀材料. 高分子材料科学与工程，2021，37（5）：30-35，42.

[17] Sun J T，Kong J H，He C B. Liquid polyoctahedral silsesquioxanes as an effective and facile reinforcement for liquid silicone rubber. Journal of Applied Polymer Science，2019，136（4）：46996-47004.

[18] Kim H J，Kwon Y，Kim C K，et al. Thermal and mechanical properties of hydroxyl-terminated polybutadiene-based polyurethane/polyhedral oligomeric silsesquioxane nanocomposites plasticized with DOA. Journal of Nanoscience and Nanotechnology，2013，13（1）：577-581.

[19] Ma X T，Ji T Z，Ma X Y，et al. Effects of difunctional reactive polyhedral oligomeric silsesquioxane on the properties of EPDM. Journal of Applied Polymer Science，2022，139（2）：51486-51498.

[20] 王明超，何永祝，凌玲，等. 一种多面体低聚倍半硅氧烷填充耐烧蚀三元乙丙橡胶绝热层：CN 201810315485.1. 2018-08-10.

[21] Li J，Hu B W，Hui K，et al. Effects of inorganic nanofibers and high char yield fillers on char layer structure and ablation resistance of ethylene propylene diene monomer composites. Composites Part A：Applied Science and Manufacturing，2021，150（2）：106633-106643.

[22] 刘昊东，聂晶，朱光明，等. POSS 改性 EPDM 耐烧蚀复合材料的制备及性能. 固体火箭技术，2019，42（6）：717-723.

[23] 曹争艳，蔡再生. POSS 应用于聚合物阻燃整理的研究进展. 纺织导报，2011，（9）：3.

[24] 杨娜，曾智，王雪飞，等. 笼形倍半硅氧烷及其在阻燃聚合物中的应用. 高分子通报，2012，（12）：7.

[25] Wu T Y，Qi J D，Lai X J，et al. Effect and mechanism of hepta-phenyl vinyl polyhedral oligomeric silsesquioxane on the flame retardancy of silicone rubber. Polymer Degradation and Stability，2018，159：163-173.

[26] Rybiński P，Syrek B，Bradło D，et al. Effect of POSS particles and synergism action of POSS and poly-(melamine phosphate)on the thermal properties and flame retardance of silicone rubber composites. Materials，2018，11（8）：1298-1317.

[27] 高钧驰，杨荣杰. EPDM/POSS 复合材料的阻燃性能. 高分子材料科学与工程，2010，26（4）：4.

[28] Yang S Y，Fan H B，Jiao Y Q，et al. Improvement in mechanical properties of NBR/LiClO₄/POSS nanocomposites by constructing a novel network structure. Composites Science and Technology，2017，138：161-168.

[29] Lee K S，Chang Y W. Peroxide vulcanized EPDM rubber/polyhedral oligomeric silsesquioxane nanocomposites：Vulcanization behavior，mechanical properties，and thermal stability. Polymer Engineering and Science，2015，55（12）：2814-2820.

[30] Pan G R，Mark J E，Schaefer D W. Synthesis and characterization of fillers of controlled structure based on polyhedral oligomeric silsesquioxane cages and their use in reinforcing siloxane elastomers. Journal of Polymer

Science Part B：Polymer Physics，2003，41（24）：3314-3323.

[31] Chattopadhyay D K，Webster D C. Thermal stability and flame retardancy of polyurethanes. Progress in Polymer Science，2009，34（10）：1068-1133.

[32] Liu Y H，Ni Y，Zheng S X. Polyurethane networks modified with octa (propylglycidyl ether) polyhedral oligomeric silsesquioxane. Macromolecular Chemistry and Physics，2006，207（20）：1842-1851.

[33] Liu Y，Wei J，Shi D Q，et al. Synthesis and crystal structure of *cis* 2-(6-chloro-3-pyridylmethylamino)-4-chlorophenyl-5，5-dimethyl-1，3，2-dioxaphosphinane 2-oxides. Chinese Journal of Structural Chemistry，2005，24（2）：196-200.

[34] Zhu S E，Wang L L，Wang M Z，et al. Simultaneous enhancements in the mechanical，thermal stability，and flame retardant properties of poly (1, 4-butylene terephthalate) nanocomposites with a novel phosphorus-nitrogen-containing polyhedral oligomeric silsesquioxane. RSC Advances，2017，7（85）：54021-54030.

[35] Zhu Y X，Jia H R，Chen Z，et al. Photosensitizer(PS)/polyhedral oligomeric silsesquioxane(POSS)-crosslinked nanohybrids for enhanced imaging-guided photodynamic cancer therapy. Nanoscale，2017，9（35）：12874-12884.

[36] Ghanbari H，Radenkovic D，Marashi S M，et al. Novel heart valve prosthesis with self-endothelialization potential made of modified polyhedral oligomeric silsesquioxane-nanocomposite material. Biointerphases，2016，11（2）：029801.

[37] Yahyaei H，Mohseni M，Ghanbari H. Physically blended and chemically modified polyurethane hybrid nanocoatings using polyhedral oligomeric silsesquioxane nano building blocks：Surface studies and biocompatibility evaluations. Journal of Inorganic and Organometallic Polymers and Materials，2015，25（6）：1305-1312.

[38] Madbouly S A，Otaigbe J U. Recent advances in synthesis，characterization and rheological properties of polyurethanes and POSS/polyurethane nanocomposites dispersions and films. Progress in Polymer Science，2009，34（12）：1283-1332.

[39] Lai Y S，Tsai C W，Yang H W，et al. Structural and electrochemical properties of polyurethanes/polyhedral oligomeric silsesquioxanes (PU/POSS) hybrid coatings on aluminum alloys. Materials Chemistry and Physics，2009，117（1）：91-98.

第 4 章　POSS 改性热固性树脂基复合材料

热固性树脂基复合材料具有比强度高、比刚度高、可设计性强、抗疲劳断裂性能好、耐腐蚀、密度低、结构尺寸稳定性好等独特优点，广泛应用于航空、航天、交通及能源领域，其高性能化发展对于促进相关行业的进步具有决定性作用，如图 4-1 所示。热固性树脂基复合材料由树脂基体、填料及纤维三相构成，其性能首先受树脂基体、纤维的单相材料的本征力学性能的影响。此外，复合材料体系内树脂基体-填料、树脂基体-纤维两相界面，即化学成分和物理结构有显著变化的、构成彼此结合的、能起载荷等传递作用的微小区域的结构，对复合材料的性能起至关重要的作用。然而，由于树脂基体、填料和纤维三相的本征化学结构特征存在差异，需有针对性地对其进行界面改性，从而实现热固性复合材料的高性能化发展要求。如何设计具有优异的界面性能的热固性复合材料，实现填料与纤维在树脂基体中的有序分散与高强度结合是目前制备高性能热固性复合材料的有效途径。

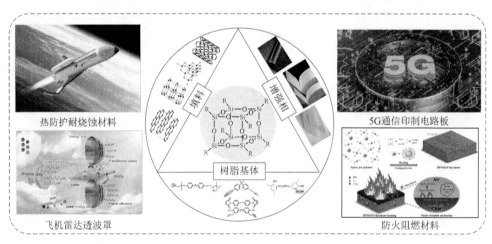

图 4-1　高性能热固性树脂基复合材料组成及其应用领域

POSS 是一种分子内杂化的结构可设计性分子，具有优异的力学性能、热稳定性，可通过对 POSS 结构进行精确的设计与构筑，提升其与树脂基体的相容性，进而在树脂基体中实现均匀分散；另外可以针对树脂基体设计合成带有不同官能团的 POSS，将 POSS 通过共价键连接到树脂分子网络中，通过与树脂的链结构进行交联或接枝等得到杂化改性的新型功能型树脂；此外也可在纤维或无机填料表面进行接枝或聚合功能型 POSS，提高填料/树脂基体复合材料和纤维/树脂基体复合材料的成型加工特征与界面结合强度，从而得到 POSS 杂化改性的高性能结构-功能一体化复合材料。

4.1　POSS 改性热固性树脂基体

由于 POSS 独特的结构功能特性，其既可以作为惰性纳米增强体，又可以作为活性分子基元，精准调控热固性树脂基体的交联网络结构，进而实现对性能的调控。按照改性方法分类，主要有直接与树脂基体共混、直接与树脂基体共聚、聚合物负载制备 POSS 基聚合物然后与树脂基体复合三种，分别用于制备 POSS/Resin（POSS/树脂）、POSS-co-Resin（POSS-co-树脂）和 POSS@Polymer/Resin（POSS@聚合物/树脂）杂化热固性树脂。

4.1.1　共混法制备 POSS/Resin 杂化热固性树脂

选用惰性侧基 POSS 直接与树脂基体共混制备 POSS/Resin 纳米复合材料[1-5]，这一方法简单便捷，具有广泛的研究应用背景。为赋予材料特殊的功能性，常用含功能性基团的 POSS 与树脂基体复合（图 4-2），制备功能纳米复合材料。Liu 等[6]将 9, 10-二氢-9-氧杂-10-磷杂菲-10-氧化物（DOPO）接枝到 POSS 上，并与环氧树脂共混，用于提高环氧树脂的阻燃特性。Wang 等[7]将三氟甲基（—CF₃）接枝到 POSS 上，并与环氧树脂共混，用于提高树脂的介电性能。

图 4-2　共混型 POSS/Resin 杂化热固性树脂制备策略

4.1.2　共聚法制备 POSS-co-Resin 杂化热固性树脂

结合树脂基体的反应特性，选择可以参与树脂固化反应的 POSS，使之与树脂共聚，也是制备 POSS-co-Resin 杂化热固性树脂的方法（图 4-3）。这一方法可以控制杂化热固性树脂的交联密度，更有利于调控材料的热稳定性和热机械性能。

如图 4-3 所示，单官能度 POSS 分子以支链形式被引入树脂交联网络，双官能度 POSS 分子作为主链结构单元存在于树脂交联网络，而多官能度 POSS 则可以作为交联点存在。随着 POSS 合成技术的发展，众多研究者针对不同的树脂基体设计出含有多种官能团的 POSS 参与树脂固化反应，以制备 POSS-*co*-Resin 新型杂化热固性树脂。其中，环氧树脂（EP）是目前应用最广泛的热固性树脂基体，一般由环氧基封端的高分子低聚物在固化剂的作用下形成三维分子网络。基于此，常设计含环氧基[8-11]、氨基[12, 13]以及苯并噁嗪基[14]的反应型 POSS 参与环氧树脂固化，制备 POSS-*co*-EP 杂化热固性树脂。双马来酰亚胺树脂（BMI）是由马来酰胺双键聚合而成的三维交联网络，常利用其与烯丙基化合物间的"ene"加成反应[15-17]，或者其与氨类化合物之间的迈克尔加成反应对双马来酰亚胺树脂进行改性[18, 19]。因此，含有马来酰胺基、烯丙基或者氨基的 POSS 常用于制备 POSS-*co*-BMI 杂化热固性树脂。氰酸酯树脂（CE）是一种分子结构中含有两个或两个以上氰基（—OCN）的新型高性能热固性树脂，因其结构中 N 原子和 O 原子的电负性都很高，并且存在—O≡C═N 共振结构，C 和 N 原子之间的 π 键能量低，易与含活泼氢的化合物反应。因此，含羟基[20]、氨基[21]以及环氧基[22-25]POSS 常用于制备 POSS-*co*-CE 杂化热固性树脂。酚醛树脂（PR）中含有大量活性的酚羟基和羟甲基。因此，常利用含环氧基和羟基的 POSS 制备 POSS-*co*-PR 杂化热固性树脂。

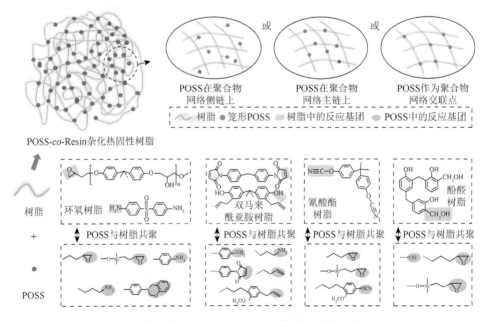

图 4-3　共聚型 POSS-*co*-Resin 杂化热固性树脂制备策略

基于以上的改性策略，马晓燕等以丁香油酚（eugenol）亲核取代八氯丙基POSS（OPC-POSS）[17]，合成了烯丙基EG-POSS（图4-4），并与BD型双马来酰亚胺树脂共聚，成功制备了新型EG-POSS-co-BD杂化热固性树脂。如图4-4（b）所示的DSC测试结果，BD预聚体（pre-BD）的初始反应温度为172℃，而加入EG-POSS之后在133~172℃出现新的放热峰。这是由于EG-POSS的引入带来烯丙基基团，可与BD预聚体中马来酰亚胺双键发生"ene"加成反应的结果。而更高的放热峰（248℃）则对应的是"ene"加成反应生成的共轭二烯结构与残余马来酰亚胺双键之间的"D-A"反应。其次，发现BD树脂的终止反应温度为308℃，远远低于EG-POSS的自聚初始反应温度（340℃），证明改性双马来酰亚胺树脂的固化过程中EG-POSS很难自聚，而更趋向与BD树脂共聚。原位红外追踪也很好地证实了这一点。如图4-4（c）所示，在150℃和180℃分别固化2h过程中，1637 cm⁻¹处的烯丙基吸收振动峰和827 cm⁻¹处的马来酰亚胺双键特征峰同时逐渐减弱，直至烯丙基振动峰完全消失，这对应于EG-POSS中烯丙基和双马来酰亚胺双键的"ene"加成反应；而在220℃固化4h后，残余的马来酰亚胺基团也完全消失，这对应于固化体系在高温下发生"D-A"反应。上述结果很好地证明了EG-POSS-co-BD杂化树脂的固化反应机理，即低温下EG-POSS中的烯丙基侧基与BD树脂中的马来酰亚胺双键发

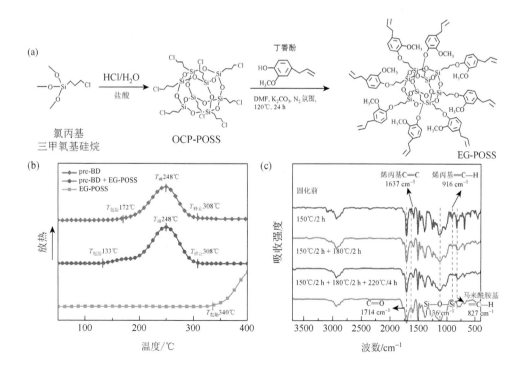

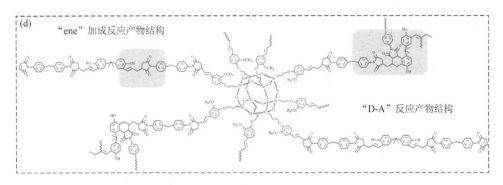

图 4-4　EG-POSS 的结构设计及其改性双马来酰亚胺杂化树脂的固化过程及结构[17]

（a）EG-POSS 的合成路线；（b）pre-BD、pre-BD + EG-POSS 和 EG-POSS 的 DSC 曲线；（c）BDM/EG-POSS 红外追踪；（d）EG-POSS-co-BD 杂化树脂的结构

生 "ene" 加成反应并生成新的共轭二烯结构，然后在高温下依靠共轭二烯结构与残余马来酰亚胺双键间的 "D-A" 反应形成三维交联网络结构[图 4-4（d）]。

　　针对 CE 的固化反应特性，马晓燕等选择双环氧基笼形低聚倍半硅氧烷（EP-DDSQ）与之共聚，制备 EP-DDSQ-co-CE 杂化树脂[25]。如图 4-5 DSC 测试结果所示，当引入 2 wt% EP-DDSQ 后，2EP-DDSQ-co-CE 杂化树脂体系的反应峰值温度由 325.7℃降低至 318.3℃（升温速率 20℃/min），这是由于 EP-DDSQ 中的环氧基降低了固化体系的表观活化能（由 83.4 kJ/mol 降低至 75.1 kJ/mol），提高了反应速率。为了理解树脂固化反应过程中官能团的变化情况，对不同固化程度（分别为未固化、150℃/2 h、150℃/2 h + 180℃/2 h、150℃/2 h + 180℃/2 h + 220℃/2 h）的 2EP-DDSQ-co-CE 杂化树脂进行原位红外光谱测试。如图 4-5（d）所示，随着固化反应的进行，2237 cm^{-1} 和 2272 cm^{-1} 处氰基的双重吸收峰逐渐减弱，同时伴

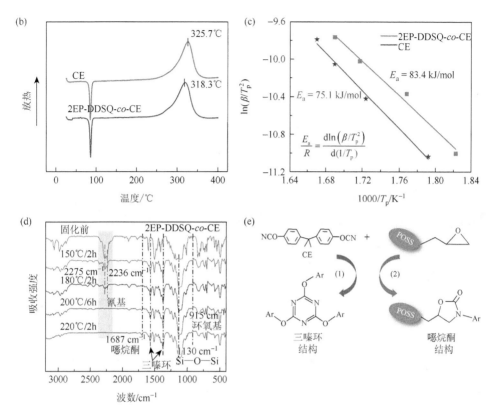

图 4-5　EP-DDSQ 的结构设计及其改性氰酸酯杂化树脂的固化分析[25]

（a）EP-DDSQ 合成路线；（b）CE 和 2EP-DDSQ-*co*-CE 的 DSC 曲线；（c）固化动力学曲线；（d）2EP-DDSQ-*co*-CE 的红外追踪；（e）2EP- DDSQ-*co*-CE 杂化树脂的固化机理

随着 915 cm^{-1} 处环氧基的伸缩振动吸收峰逐渐消失，很好地证明了 EP-DDSQ 与 CE 树脂间的反应，即氰基和环氧基发生反应，生成噁烷酮结构[图 4-5（e）]。

4.1.3　聚合物负载法制备 POSS@Polymer/Resin 杂化热固性树脂

利用 POSS 的活性有机基团制备 POSS 基聚合物（POSS@Polymer），而后将其与树脂复合是制备 POSS@Polymer/Resin 杂化热固性树脂的常见方法。这一方法的优势在于率先将 POSS 嵌入聚合物分子链中，有效防止 POSS 团聚成簇，更有利于实现 POSS 在树脂基体中的均匀分散（图 4-6）。另外，基于本书第二章对 POSS@Polymer 多尺度结构的论述，POSS@Polymer 的引入还可能为杂化树脂带来更丰富的多层级结构，有利于提升材料其他综合性能。

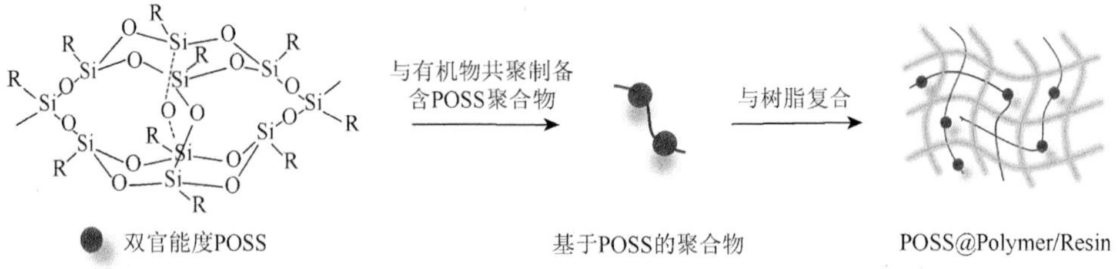

图 4-6　POSS@Polymer/Resin 杂化树脂制备策略

Cao 等[27]利用二氢基 POSS 与环氧基烯丙基双酚 A 间的硅氢加成反应合成了 POSS 基长链大分子，并用于改性环氧树脂，发现在一定程度上提高了 POSS 的有效添加量。马晓燕等以二环氧 POSS、双酚 A 二缩水甘油醚和六氟双酚 A 作为共聚单体制备了基于 POSS 的含氟聚羟基醚聚合物（POSS@FPHE）[26]。合成的 POSS@FPHE 表现出良好的可加工性、热稳定性和疏水性，将其与 CE 树脂复合制备 POSS@FPHE/CE 杂化树脂以研究其对杂化树脂结构和性能的影响规律（图 4-7）。研究发现，通过柔性有机链段共价链接刚性 POSS 形成的串珠式结

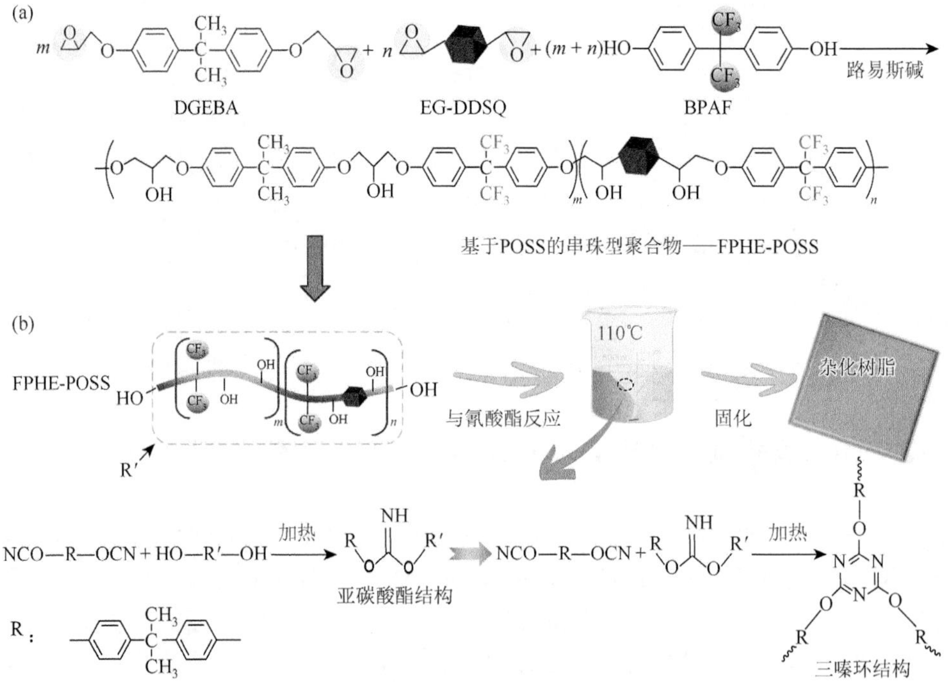

图 4-7　POSS 基聚合物的结构设计及其改性氰酸酯树脂的固化[26]

（a）含氟、POSS 聚双酚 A 羟基醚（FPHE-POSS）的合成；（b）FPHE-POSS 改性氰酸酯树脂的固化

构，可以有效避免因为 POSS 过量而发生团聚或者柔性有机链缠结而造成的机械性能、热稳定性能的恶化。其次，含氟聚羟基链段侧链上的—OH 基团可催化氰酸酯树脂的—OCN 基团反应生成三嗪环，促进了固化反应的进程，降低了树脂固化温度。同时，含氟聚羟基链段侧链上的—CF₃ 基团可通过降低体系电子极化，提高树脂的介电性能；也可通过提高体系表面能，提高树脂疏水性能。

4.2　POSS 改性复合材料界面

4.2.1　POSS 改性纤维

热固性树脂的交联密度大、脆性大，通常很难独自应用于设备部件的结构中，而纤维具有良好的耐高温和力学性能，常用的纤维材料有玻璃纤维、高硅氧纤维、石英纤维、碳纤维和芳纶纤维等。纤维增强体与树脂基体复合后能够有效提高其综合性能，达到"1＋1＞2"的效果[28]。

聚合物基复合材料的性能通常由纤维、基体和界面决定，界面间的相互作用是决定复合材料整体强度的关键因素之一[29]。引入的纳米级增强材料可以明显改变界面微观结构，并提供足够的化学键合或机械互锁作用以提高界面强度[30]。POSS 是一种新型的有机-无机纳米杂化材料，具有特殊的笼状三维结构，被外部多个有机取代基包围。与其他纳米粒子相比，POSS 在许多有机/无机溶剂中具有良好的溶解性，并且与基体树脂有更好的相容性。利用 POSS 外的不同官能团作为反应位点，在增强体表面通过物理或化学方法构筑，改变纤维表面的形貌与结构，在增强材料和基体树脂之间建立化学键，可有效改善复合材料的界面强度，如图 4-8 所示。

得益于 POSS 分子结构的可设计性，可对其进行合适的取代基结构筛选，设计合成与目标树脂单体具有良好相容性或反应性的 POSS 分子，进而通过简易浇筑成形过程制备基于 POSS 的杂化树脂材料。如图 4-9 所示，首先将适量 POSS 加

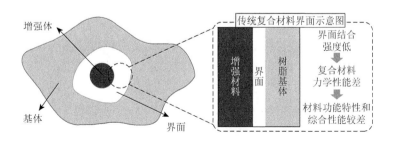

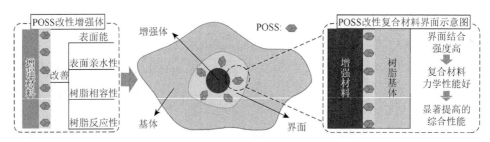

图 4-8　复合材料界面改性前后示意图

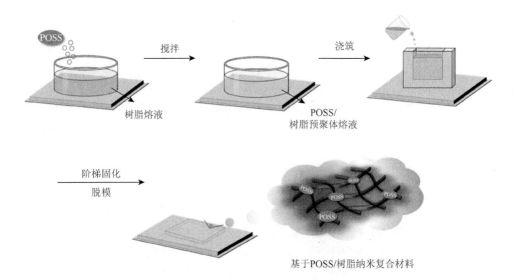

图 4-9　基于 POSS 的杂化树脂材料的浇筑成形工艺流程

入树脂熔液中，并在高温下（树脂单体熔点以上）搅拌至均质透明，制备 POSS/
树脂预聚体熔液；然后，将预聚体熔液浇铸到预制模具中，并进行固化；最终自
然冷却至室温，即可得到所需形状、尺寸的 POSS/树脂纳米复合材料。

纤维增强复合材料制件的生产，一般情况下需要经过两个主要步骤：①片材
（预浸料）的制备；②制件的成形。预浸料是用树脂基体在严格控制的条件下浸渍
连续纤维或织物，制成树脂基体与增强体的组合物，制造复合材料的中间材料。
预浸料的某些性质被直接带入复合材料中，是复合材料的基础。复合材料的性能
在很大程度上取决于预浸料的性能。一般来说制备纤维增强复合材料，常见的制
备工艺有溶液浸渍法、熔体浸渍法、粉末浸渍法、浆状树脂沉积法、混编法、薄
膜叠层法及反应浸渍等。溶液浸渍是将树脂溶于合适的溶剂，使其黏度下降到一
定水平，然后采用热固性树脂浸渍时使用的工艺来浸润纤维，最后通过加热除去
溶剂。

　　纤维增强复合材料的成形工艺是根据不同材料的特性及应用目的确定的。主要分为以下几大类：手糊成形、缠绕成形、喷射成形、拉挤成形、层压成形等，在国防工业中应用较多的是树脂传递模塑、热压罐成形和缠绕成形。以层压成形为典型代表，图 4-10 展示了其具体的成形工艺。

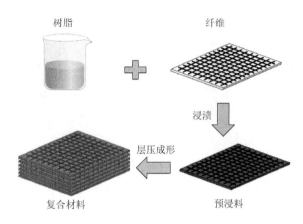

图 4-10　纤维增强复合材料层压成形工艺示意图

　　最近，许多研究人员提出了 POSS/碳纤维（CF）分级增强材料，通过将 POSS 化学共价键合在纤维表面，以其独特的纳米结构和良好的机械性能，提升复合材料的界面强度[31, 32]。一些偶联剂，如聚酰胺[33]、螺旋二氯磷[34]和碳纳米管[35]等，常被用于桥接 POSS 和 CF。由于碳纤维表面较为惰性，因此可对碳纤维表面进行氧化处理来改性。此外，通过非共价键作用，如 π 键、氢键等，将 POSS 黏附于纤维表面，可以提高界面的性能。

　　Wu 等[5]通过 6 步处理方法在碳纤维表面依次接枝 γ-氨丙基三乙氧基硅烷（KH550）、八缩水甘油醚 POSS（gly-POSS）和四亚乙基五胺（TEPA），其流程如图 4-11 所示。通过化学接枝的 gly-POSS 纳米粒子以不同的角度均匀地分散在纤维表面，表面粗糙度（Ra）从未经处理的 CF 的 45.7 nm 增加到 72.3 nm，提高了 58.2%。继续接枝 TEPA 后，表面粗糙度继续增加，其表面粗糙度达到 96.5 nm。表面粗糙度的提高带来了更多的接触点以及增强了 CF 和基体之间的机械互锁从而显著改善了界面性能。POSS 改性处理后，CF 表面极性水的接触角从 78.50°降低到 53.67°，非极性二碘甲烷的接触角从 58.90°降低到 46.19°，呈现出显著的下降趋势。此外，CF-POSS 的表面能、极性分量和色散分量显著增加，这可能是由于在 CF-POSS 的制备过程中引入了许多环氧基团。在与 TEPA 进一步相互作用后，表面能较 CF-POSS 显著增加至 56.09 mN/m，其色散和极性分量分别为 37.20 mN/m 和 18.89 mN/m。这

可能与活性胺基团的增加、纤维表面化学成分的不同以及大量 TEPA 分子接枝到 CF
表面提高了纤维表面粗糙度有关。复合材料的层间剪切强度（ILSS）和冲击强度均
有显著提高。而接枝 gly-POSS 和 TEPA 的碳纤维（CF-POSS-TEPA）增强甲基苯基
硅树脂（MPSR）复合材料的 ILSS 提高幅度最大，其冲击强度比 CF-POSS 增强 MPSR
复合材料提高了 7.30%，冲击强度比 CF-POSS 增强 MPSR 复合材料提高了 3.25%，
主要原因是复合材料中存在由 POSS 和 TEPA 组成的多级多功能界面相。

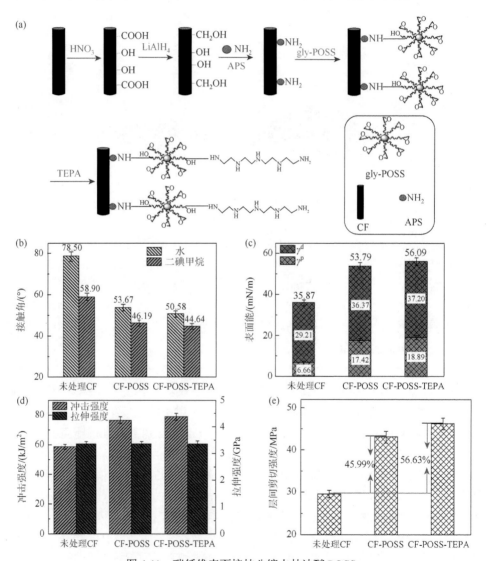

图 4-11　碳纤维表面接枝八缩水甘油醚 POSS

（a）改性工艺图；（b）改性前后的接触角；（c）表面能的变化；（d、e）改性前后碳纤维的力学性能[5]

Zhang 等[30]在水中将苯酚基团接枝到除浆后的 CF 表面，避免了传统强酸活化易于产生缺陷的弊端，如图 4-12 所示。然后通过化学键将八甲基丙烯酰氧基丙

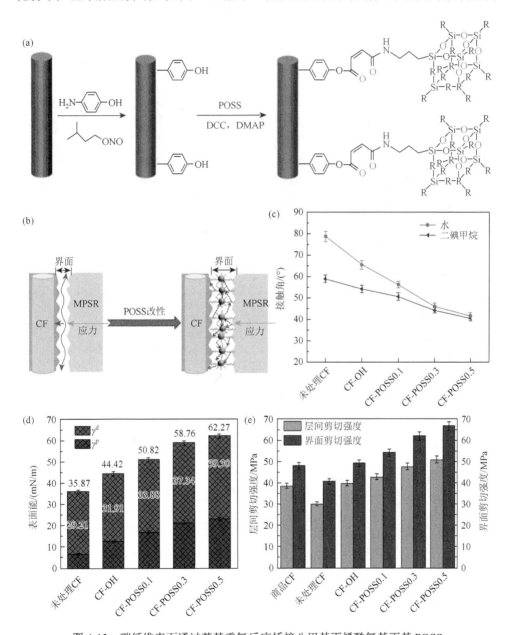

图 4-12　碳纤维表面通过芳基重氮反应桥接八甲基丙烯酰氧基丙基 POSS

（a）碳纤维改性流程图；（b）界面改性作用机制；（c）复合材料的接触角；（d）表面能；（e）力学性能[30]

基 POSS（OMA-POSS）引入 CF 表面。表征了改性碳纤维的表面能和接触角变化，并研究了 OMA-POSS 接枝密度对碳纤维增强的 MPSR 复合材料力学性能的影响。结果表明纤维表面能和润湿性随 OMA-POSS 接枝密度的增加而明显增加。此外，ILSS 和界面剪切强度（IFSS）依赖于 OMA-POSS 的接枝密度。CF-POSS0.5/复合材料表现出最好的力学性能，与除浆后的 CF 复合材料相比，ILSS 提高了 70.89%，IFSS 提高了 65.87%。储能模量和玻璃化转变温度分别提高 8 GPa 和 14℃。Kafi 等[36]使用简单的浸涂法将水溶性磺化八苯基 POSS 用于碳纤维的表面处理，通过单纤维断裂方法研究了处理后的碳纤维和环氧树脂之间的界面黏合性能，发现其界面性能得到了显著提高。Song 等[37]利用八缩水甘油二甲基甲硅烷基 POSS 改性经等离子体处理的聚对苯撑苯并双噻唑（PBO）纤维。结果表明，POSS 纳米粒子成功接枝在纤维表面。处理过的 PBO 纤维的表面特性与未处理的不同。含氧极性官能团数量、氧碳元素比、表面粗糙度和表面能显著增加。PBO 纤维的总表面能提高了 46.4%。此外，PBO 纤维与环氧树脂之间的 IFSS 从 36.6 MPa 增加到 54.9 MPa，增幅为 50%，而抗拉强度没有明显变化。

　　高硅氧纤维作为玻璃纤维中的典型代表，具有优异的抗氧化特性，在航空航天等领域的耐烧蚀材料中有重要作用。马晓燕等提出了一种新的协同提升酚醛树脂复合材料耐烧蚀性能的方法[38]，如图 4-13 所示。他们分别合成了反应型八环氧环己基乙基 POSS（O-POSS）和四硅烷醇八苯基 POSS（T-POSS）用于改性高硅纤维布（HSC）和 PR。利用氨基与环氧的反应将 O-POSS 接枝于 HSC 表面。改性 HSC 增强改性 PR（PK-HSC/T-PR）复合材料的弯曲强度和层间剪切强度分别为 213.1 MPa 和 22.4 MPa，比原始 HSC/PR 复合材料分别提高 63.6%和 59.5%。

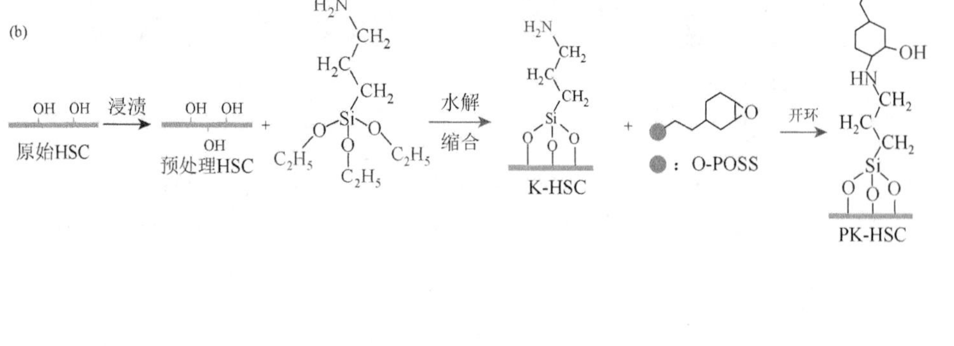

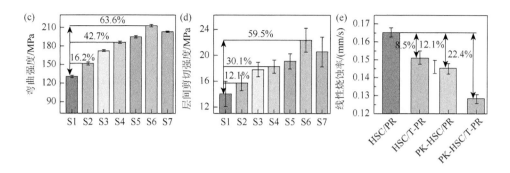

图 4-13　O-POSS 与 T-POSS 协同提升高硅纤维/酚醛树脂复合材料

(a) 整体改性策略；(b) 纤维改性方案；(c、d) 复合材料的力学性能；(e) 复合材料的线性烧蚀率[38]

同时，获得的 PK-HSC/T-PR 复合材料也表现出较低的热导率[0.2461 W/(mK)]和烧蚀率（线性烧蚀率：0.128 mm/s，降低了 22.4%）。此外，还从烧蚀过程中基体陶瓷化和界面结构演变两个方面探讨了两种 POSS 协同作用增强烧蚀性能的机制。

4.2.2　POSS 改性无机填料

无机填料（二氧化硅、石墨烯、碳纳米管以及氮化硼等）由于其出色的热稳定性、导电导热等功能特性，常用于制备功能性树脂基纳米复合材料。但是由于其与有机树脂之间的异质界面，无机填料难以均匀分散在树脂基体中，这不仅导致改性体系机械性能大幅下降，而且会限制树脂基纳米复合材料功能性的实现。而 POSS 分子中有机官能团的结构可设计性使其可以桥连无机填料和树脂基体，提高无机填料与树脂之间的界面结合，提高材料的综合性能。

介孔二氧化硅由于其孔结构，可以降低材料的介电常数与介电损耗，但其与树脂间差的界面性能往往使复合体系的力学性能大幅度下降。Jiao 等[39]利用缩水甘油 POSS（G-POSS）功能化氨基介孔二氧化硅（NH_2-MPS）制备了新型有机-无机介孔二氧化硅（POSS-MPS）颗粒。虽然 G-POSS 的引入，占据了 MPS 的部分介孔结构，使 POSS-MPS 的比表面积、孔体积和孔直径分别从 672 m^2/g、1.97 cm^3/g 和 11.5 nm 下降至 267 m^2/g、0.64 cm^3/g 和 8.3 nm[图 4-14（b、c）]，但同时丰富了 POSS-MPS 的表面化学结构（携带丰富的环氧基团）。因此，以 POSS-MPS 改性的氰酸酯树脂，在降低介电常数和损耗的同时[含有 5 wt% POSS-MPS 的氰酸酯纳米复合材料显示出较低的介电常数（$\varepsilon = 3.66$）和介电损耗（$\tan\delta = 0.017$）]，复合材料的拉伸强度、拉伸模量、断裂伸长率和 T_g 分别提高了

23.8%、43.5%、159.8%和 59.8%。这均是 G-POSS 作为桥连组分，改善有机相和无机相界面相互作用的结果[图 4-14（d）]。

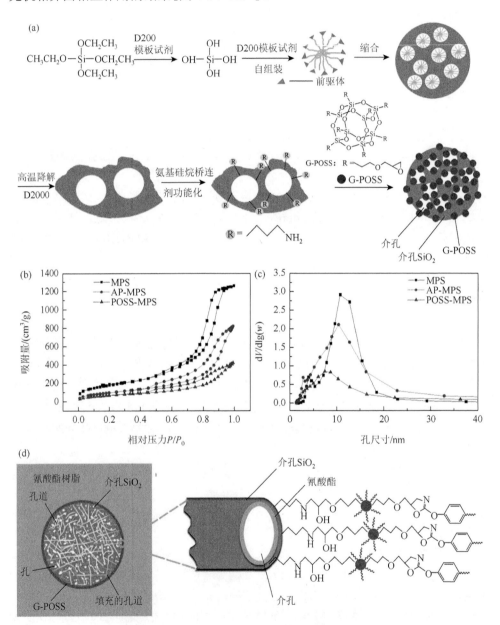

图 4-14　POSS@介孔 SiO₂ 改性氰酸酯树脂

（a）氨丙基 POSS 表面处理介孔二氧化硅；（b、c）MPS、AP-MPS 和 POSS-MPS 的氮气吸附-脱附数据；（d）POSS-MPS/CE 的界面结合示意图[39]

　　氧化石墨烯（GO）由于其独特的石墨化平面结构、良好的机械性能、独特的热性能和较低的制造成本等优势，常用于改善聚合物复合材料性能而备受关注。然而，由于 GO 片材在基质中的分散性差以及聚合物-GO 间的界面相互作用差，制备的纳米复合材料性能难以大幅度提高。GO 为二维共价键合的碳原子片，在其基面和边缘带有羟基、羧基和环氧基团，这为进一步的功能化提供了多种位点。Yu 等[40]制备了八氨基苯基多面体功能化的石墨烯杂化材料（oapPOSS-g-GO）并用于改性环氧树脂。结果表明，POSS 的功能化，改善了石墨烯纳米片与环氧树脂的界面结合，减弱了异质界面极化，oapPOSS-g-GO/环氧树脂复合材料在 10^4 Hz 下的介电常数和介电损耗分别下降了 9%和 49%。Yuan 等[41]以氨基 POSS 功能化的石墨烯纳米片改性聚酰亚胺（PI）树脂，并以分子动力学模拟计算揭示界面改性机理。计算结果表明，POSS-GO 纳米片不仅可以参与 PI 树脂酰胺化，也可以通过"板锚"结构固定在树脂中，其中纳米片被认为是"板"，POSS 则被认为是"锚"，通过"板锚"相互作用加强聚合物拓扑结构。如图 4-15（c）～（e）所示，POSS-GO 中"锚绳"的链长约为 6.97 Å，大于 PI 链的最大尺寸（3.18 Å），因此聚合物分子可以插入氧化石墨烯纳米片和 POSS 之间。与预期的一样，在 PI 中添加 0.3 wt%的 POSS-GO 可以显著提高聚合物基体的机械强度、热稳定性、摩擦和磨损性能。

　　氮化硼纳米管（BNNT）因其恒定的宽带隙（≈5.5 eV）、出色的热稳定性和抗氧化稳定性、高导热性和优异的机械性能而成为各种应用的潜在纳米填料。Zhi 等使用 POSS 的氮化硼纳米管（BNNT-POSS）作为填充剂[42]，制备了理想的低介电高导热环氧纳米复合材料。结果表明，在 100Hz 以下，与纯环氧树脂相比，BNNT-POSS 添加量为 20 wt%和 30 wt%的纳米复合材料的介电损耗均降低

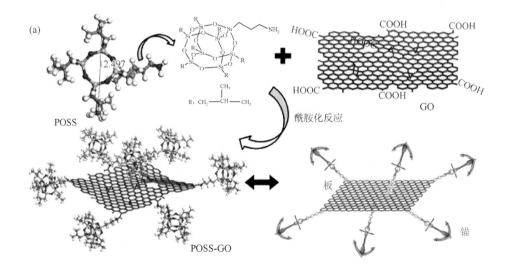

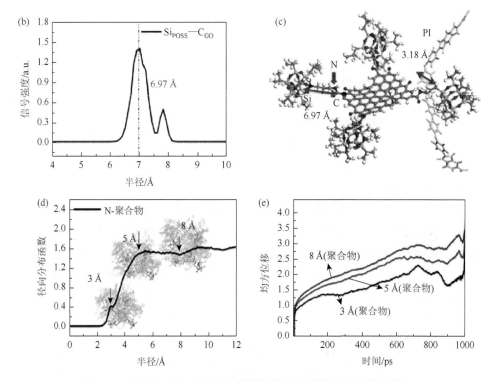

图 4-15　氨基 POSS 功能化石墨烯纳米片改性聚酰亚胺树脂基体

（a）"板锚"型 POSS-GO 纳米复合材料的制备；（b）POSS 的 Si 原子与氧化石墨烯的 C 原子之间的链长；（c）POSS-GO 和 PI 的结构；（d）POSS-GO 中 N 原子周围聚合物 PI 的径向分布函数（RDF）；（e）POSS-GO 中 N 原子周围聚合物 PI 的均方位移（MSD）[41]

了一个数量级。Gu 等[43]先后以缩水甘油醚丙基硅烷偶联剂、氨丙基 POSS 功能化纳米氮化硼颗粒，制备了 POSS-g-BN 填料（图 4-16），并用于改性 PI 树脂。通过提高 BN 与 PI 树脂之间的相容性，BN 颗粒更均匀地分散于树脂基体中，从而在不提高材料的介电常数和介电损耗的基础上，大幅度提高了材料的导热性能 [0.607 W/(m·K)]。

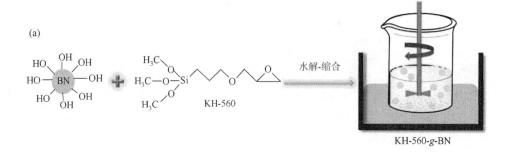

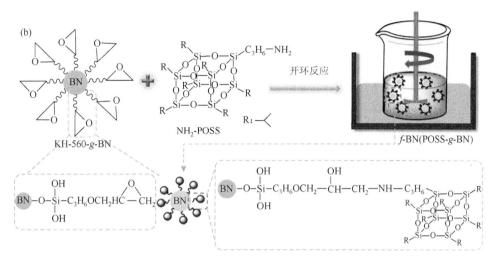

图 4-16　氨基 POSS 表面改性氮化硼纳米颗粒

（a）缩水甘油醚丙基三甲氧基硅氧（KH-560）功能化氮化硼；（b）氨丙基 POSS 功能化环氧化氮化硼[43]

4.3　POSS 改性功能型热固性复合材料

4.3.1　POSS 改性的耐烧蚀热固性复合材料

　　酚醛树脂凭借其优异的高温残碳率、出色的高温形状尺寸稳定性以及卓越的耐烧蚀性能，广泛地应用于航天隔热材料中，如固体火箭发动机尾喷管、再入式飞行器隔热罩、火箭发射台隔热板以及高超音速飞行器的端头、外蒙皮及发动机叶片等。随着我国载人航天技术的进步和发展，未来航天领域的研究和发展主要面向新型航天飞行器的研发、深空探测和高超音速飞行等，这要求大幅度提高航天器的最长航行时间和最高飞行速度，因此对飞行器的相关部件提出了更高的要求。耐烧蚀材料作为其中最重要的组成部分之一，扮演着至关重要的角色。但是现有的酚醛树脂仍不能满足未来对飞行速度和航行时间的需求，对现有的酚醛树脂提出了进一步发展的目标。

　　由于 POSS 分子中的有机基团可设计性强，其被作为一种兼具优异热稳定性和树脂相容性的功能填料，用于酚醛树脂耐烧蚀性能的改性研究。其中，POSS 共混改性酚醛树脂作为一种较为传统的改性方法，操作手段简单便捷，但由于 POSS 分子间作用力较强，容易团聚进而使复合材料宏观相分离，性能下降。Gupta 等[44]选用八苯基 POSS 共混改性间苯二酚甲醛树脂，如图 4-17 所示。其形貌结果表明，在固化表面存在明显的宏观相分离现象。当八苯基 POSS（OP-POSS）含量为 3 wt%时，其线性和质量烧蚀速率低至 0.016 mm/s 和 0.059g/s，分别降低 70%

和 30%。在烧蚀过程中，与外部大气接触的材料最外层即热解相在聚合物吸热解离时发生质量损失和碳化，产生热解气体。这些热量从边界层消散并循环，形成了有效的热屏蔽。OP-POSS 加入后，其在低于 500℃热解过程中最先发生的是有机取代基的部分热解，OP-POSS 的 Si—O 骨架在这一阶段可以保留。当温度高于 500℃时，由于 Si—C 和 Si—O 键解离以及硅杂化交联网络的重排，形成了 O_xSiC_y 网络，这对于耐烧蚀性能的提升是有益的。

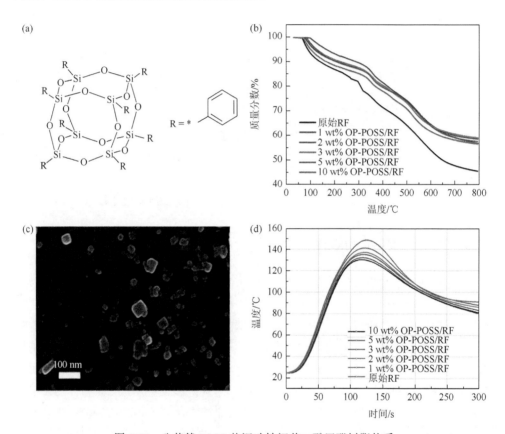

图 4-17　八苯基 POSS 共混改性间苯二酚甲醛树脂体系

（a）POSS 的化学结构；（b）改性树脂的热稳定性；（c）改性树脂的表面形貌；（d）改性树脂的烧蚀背温变化情况[44]

Wang 等[45]以八巯基丙基 POSS 为前体，通过迈克尔加成反应合成了一种新型的反应型含酚基 POSS 用于酚醛树脂的改性，如图 4-18 所示。酚基 POSS 的引入使酚醛树脂在空气中表现出更好的热稳定性，POSS 改性酚醛树脂在 800℃下的残留率比纯酚醛树脂高 14.73%。在氩气气氛下，POSS 改性酚醛树脂在 800℃下的残留率比纯酚醛树脂高 6.95%。酚基 POSS 改性体系大大推迟了热解气体的释放：

在氩气下，酚醛树脂在 580～610℃释放降解挥发物，而 POSS 改性酚醛树脂直到 630℃才达到最大速度。空气下相应的挥发物演化比氩气下更复杂。在空气中，酚醛树脂热失重速率最快在 480～520℃，而 POSS 改性酚醛树脂热降解产生的挥发物在 540～610℃达到最大峰值。此外，在树脂的热解过程中。POSS 改性酚醛树

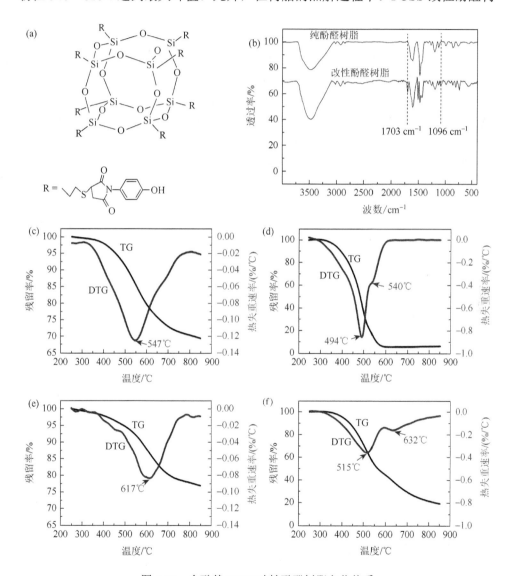

图 4-18　含酚基 POSS 改性酚醛树脂杂化体系

（a）POSS 的化学结构；（b）纯酚醛树脂和改性酚醛树脂的红外光谱图。不同条件下两种酚醛树脂的热重曲线：（c）氩气下纯酚醛树脂；（d）空气下纯酚醛树脂；（e）氩气条件下 POSS 改性酚醛树脂；（f）空气下 POSS 改性酚醛树脂[45]

脂在空气中降解后的残留物中还检测到结晶 SiO_2。这是由于 POSS 在高温下被氧化热解形成了 SiO_2，其存在可以有效提高酚醛树脂的高温抗氧化性。

  Dong 等[46]对比分析了三种反应型和非反应型 POSS 对酚醛树脂热性能和耐烧蚀性能的影响，如图 4-19 所示。他们选择了三种不同的 POSS，即三硅醇苯基 POSS（T-POSS），八氨基苯基 POSS（OAPS）和八苯基 POSS（OPS）制备 PR/POSS 复合材料。PR/4%T-POSS 的热稳定性和弯曲强度显著高于所有其他 PR 复合材料。此外，氧乙炔烧蚀结果表明，三种 POSS 在改善 PR 的烧蚀性能方面均有一定的效果。与纯 PR 相比，PR/4% T-POSS、PR/4% OAPS 和 PR/4% OPS 的第一次 LAR 分别降低了 14.5%、29.0% 和 12.9%。为了得到更严格的烧蚀性能评估结果，再次烧蚀了 PR/4%T-POSS、PR/4%OAPS、PR/4%OPS 的第一次烧蚀样品。第二次 LAR 显著降低，分别降低了 53.3%、61.9% 和 40.0%，表明 PR/POSS 复合材料表现出更好的耐烧蚀性。LAR 的降低归因于复合材料中 POSS 的存在，在烧蚀过程中形成了位于材料表面的 SiO_2 保护层，防止进一步烧蚀，从而减缓基体中的热解程度。基体中存在的芳环结构也可以吸收大部分热量。此外，OAPS 产生的不可燃气体如 NH_3、N_2 和 H_2O 稀释了氧气和可燃气体的浓度。普遍认为 POSS 的耐烧蚀机理

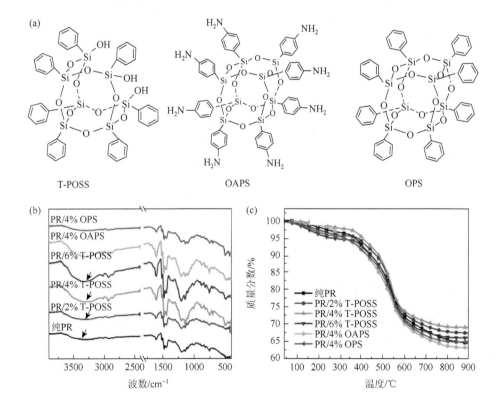

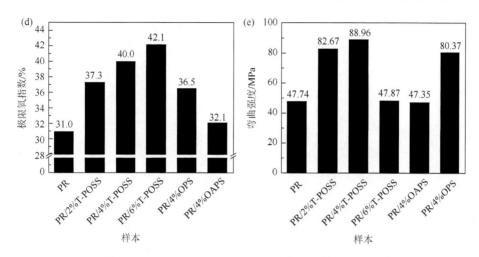

图 4-19　T-POSS、OAPS 和 OPS 改性酚醛树脂杂化体系

（a）POSS 的结构；（b）POSS 改性树脂的红外光谱；（c）POSS 改性树脂的热重曲线；（d）POSS 改性树脂的极限氧指数；（e）POSS 改性树脂的弯曲强度[46]

主要通过碳化形成多元芳烃稠相，同时 PR/POSS 复合材料的残碳主要是由硅的氧化和 PR 基体的脱水形成的。层状结构的碳层可以减缓热和氧向 PR 基体的传递，从而保护底层材料。该结构能承受高温高压气流。

马晓燕等自 2018 年起，开展了反应型 POSS 改性酚醛树脂耐烧蚀复合体系的系列研究。先后开发了双环氧基 POSS（EP-DDSQ）改性酚醛树脂体系[47]、四硅醇八苯基 POSS 改性酚醛树脂体系[38]和三硅醇七苯基 POSS（3OH-POSS）改性硼酚醛树脂体系[48]。其中，EP-DDSQ 的合成是通过水解-缩合、顶角盖帽和硅氢加成制备而成。改性结果表明，EP-DDSQ 的适当添加不影响酚醛树脂本身的固化温度，但可以提高体系的耐热性，如图 4-20 所示[47]。在氩气气氛下，当 EP-DDSQ 的添加量为 10% 时，酚醛树脂的初始降解温度提高了 49.31℃，当 EP-DDSQ 的

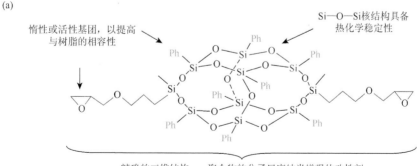

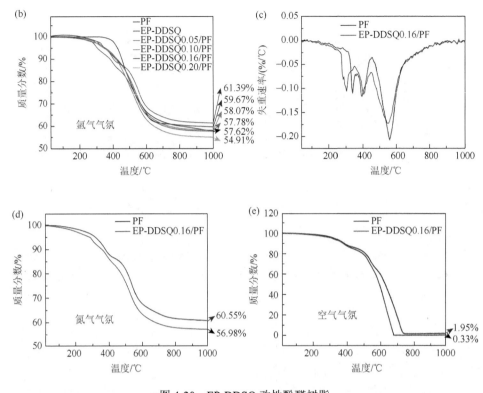

图 4-20　EP-DDSQ 改性酚醛树脂

（a）EP-DDSQ 的化学结构；（b）～（e）改性酚醛树脂的热重及微分曲线[47]

添加量为 16% 时，800℃时残留率达到了 61.39%，高于纯酚醛树脂的 57.62%。更重要的是，改性树脂在 800℃空气气氛的马弗炉中烧蚀后，在表面形成了规则致密的 SiC 和 SiO_x 陶瓷层。

　　随着耐烧蚀酚醛树脂的进一步发展，一类分子中含有硼的酚醛树脂被逐渐开发出来，这类酚醛树脂具有更加优异的抗氧化和耐烧蚀性能，但这类树脂的初始分解温度较低，高温质量百分率仍需要进一步提升。为进一步提高硼酚醛树脂（BPR）的抗烧蚀性能，合成了耐高温的反应性三硅醇七苯基 POSS（3OH-POSS）对 BPR 进行改性，如图 4-21 所示[48]。当添加 20% 3OH-POSS 时，3OH-POSS改性 BPR（POSSBPR）的初始分解温度从 226.0℃提高到 390.2℃，在 800℃和1000℃的质量百分分别从 71.1% 和 66.7% 提高到 75.1% 和 73.7%。POSSBPR 浇筑体的线性烧蚀率和质量烧蚀率分别低至 −0.122 mm/s 和 0.0465 g/s。高硅纤维增强复合材料（HSC/POSSBPR）的线性烧蚀率和质量烧蚀率分别为 0.123 mm/s 和0.0602 g/s。

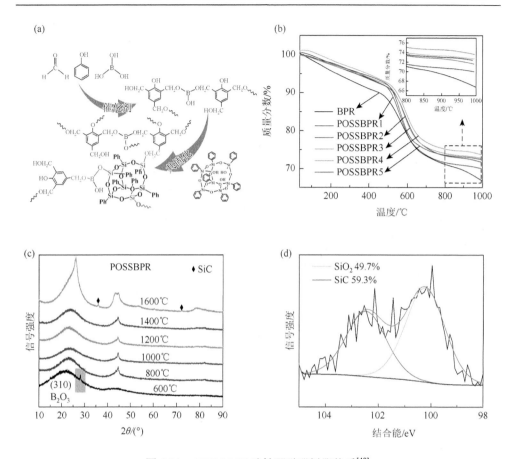

图 4-21 3OH-POSS 改性硼酚醛树脂体系[48]

（a）改性树脂的合成过程；（b）改性树脂的热重曲线；（c）改性树脂的高温 X 射线衍射结构分析；（d）烧蚀后 X 射线光电子能谱 Si 2p 分析

此外，通过 X 射线衍射、X 射线光电子能谱和拉曼光谱确定了 POSSBPR 高温碳微晶和陶瓷结构转变的机理。结果表明，3OH-POSS 的引入促进了 BPR 有序石墨结构的形成，并在烧蚀表面形成了耐高温的 SiC 陶瓷等，从而提高了材料的抗烧蚀性能。

为进一步提高热固性酚醛树脂基复合材料的抗烧蚀性能，马晓燕等从合成角度设计开发了新型耐烧蚀杂化酚醛树脂。最近，研究发现七苯基三硅醇钠盐 POSS（3ONa-POSS）具有强碱性，可以通过与弱酸的中和反应转化为耐高温的 3OH-POSS。因此，马晓燕等提出了一种以双官能团 3ONa-POSS 为催化剂和硅源开发新型硼硅杂化酚醛树脂（BPOSSPR）的新策略，即 3ONa-POSS 既可以替代现有的碱性催化剂，又可以为硼硅杂化 PR 的合成提供硅源，作为双功能填料使用，POSS 催化硼硅酚醛树脂的合成过程如图 4-22 所示[49]。研究发现：①3ONa-POSS 为苯酚与多聚甲醛的加成反应提供碱性环境，同时转化为 3OH-POSS；②随后，3OH-POSS 参与与羟基苯甲醇和硼酸的缩合反应，合成含有 Si—O—B 和 Si—O—C 键的 BPOSSPR。从图 4-23 中可以看出，BPOSSPR 具有优异的热性能（初始分解温度为 453.0℃，1000℃时的质量百分率为 72.7%）。碳纤维增强 BPOSSPR 复合材料（CF/BPOSSPR）和高硅纤维增强 BPOSSPR 复合材料（HSF/BPOSSPR）的力学和隔热性能显著增强。BPOSSPR 复合材料的

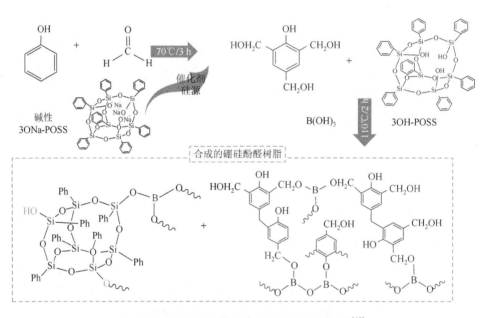

图 4-22　POSS 催化硼硅酚醛树脂的合成过程[49]

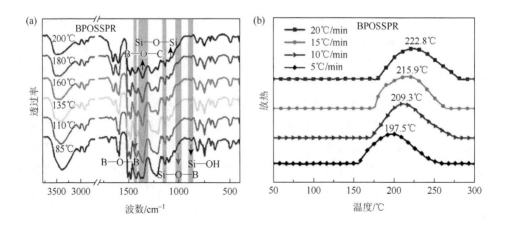

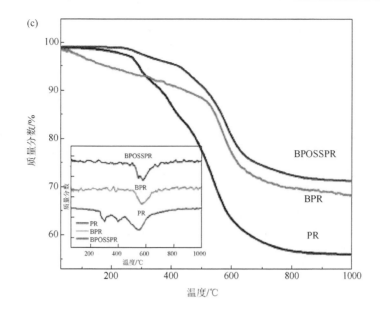

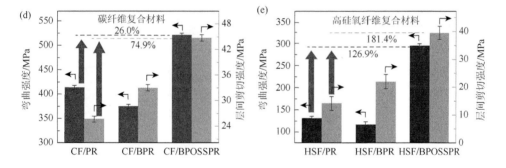

图 4-23　POSS 催化硼硅酚醛树脂树脂及其复合材料

（a）固化过程红外光谱；（b）差示扫描量热曲线；（c）热重曲线；（d、e）力学性能[49]

抗烧蚀机理主要是由于在高温条件下形成的陶瓷热障层，如 B_2O_3、SiO_2、硼硅酸盐玻璃、SiC，在防止热流侵蚀方面可能起有效作用。由于这些优异的性能，创新的热屏蔽 BPOSSPR 复合材料可以在未来的航空航天应用中提供耐受更恶劣环境的能力。

针对热固性酚醛树脂耐热性和耐烧蚀性能较差的问题，可以选用 POSS 有机-无机杂化材料作为树脂和无机材料的桥连剂，将 Zr 引入到酚醛树脂中[50]。Xin 等[50]以苯基三甲氧基硅烷和四氯化锆为原料合成了带有一个—OH 的

Zr-POSS［图 4-24（a）］，然后再与硼酸和水杨醇形成的预聚物缩合，获得了一种新型的 B-Si-Zr 杂化树脂（BSZ-PR）［图 4-24（b）］。用 FTIR 和 XPS 对 BSZ-PR 的化学结构进行了表征，结果如图 4-24（c）、（d）所示。从 FTIR 结果图可以看出，与 PR 不同，BSZ-PR 在 1139 cm^{-1} 和 916 cm^{-1} 处存在 Si—O—Si 和 Si—O—Zr 键的拉伸振动峰；700 cm^{-1} 处为 B—OH 振动峰；1477 cm^{-1}、1361 cm^{-1} 和 648 cm^{-1} 处分别为 Zr—O—C、B—O—C 和 Zr—O 的振动峰。同时—CH$_2$OH 在 1016 cm^{-1} 处的吸收峰几乎消失，说明 B、Si、Zr 等元素可以通过化学反应引入树脂中。进一步用 XPS 对 BSZ-PR 的结构进行了表征，如图 4-24（d）所示。B 1s 的窄谱可分为 B—O—C、B—O—B、B—O—Si、B—OH 四个峰；Si 2p 谱图显示了 Si—O、Si—O—B、Si—O—Zr 和 Si—C 四种化学态；在 Zr 3d 光谱中，182.72 eV 和 185.10 eV 的结合能分别对应 Zr—O 3d$^{3/2}$ 和 Zr—O 3d$^{5/2}$ 两种结构，表示酚醛树脂中引入了 B—O 键；Si 和 Zr 也通过化学键的形式与树脂连接。

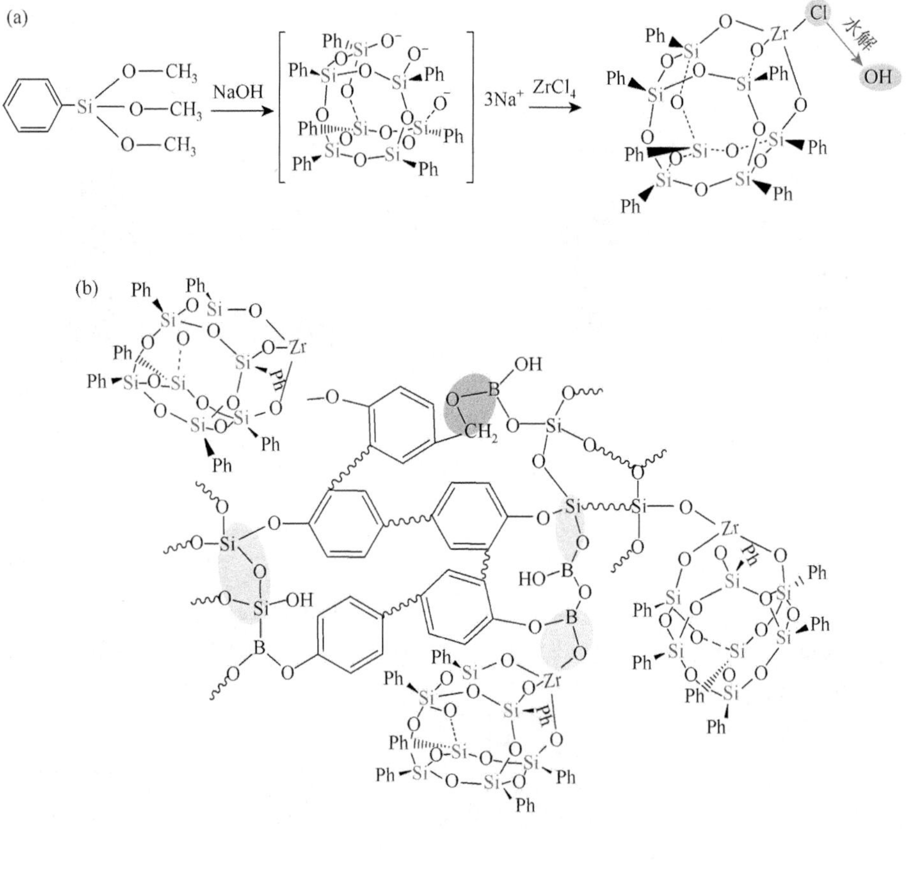

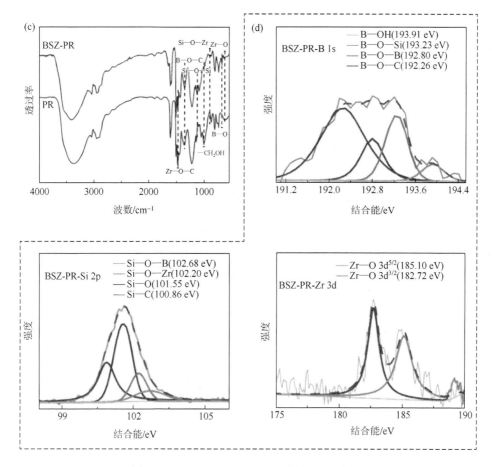

图 4-24　Zr-POSS 和 BSZ-PR 改性硼酚醛树脂

（a）POSS 的合成；（b）改性树脂的可能的化学结构；（c）改性树脂的红外光谱；（d）改性树脂的 X 射线光电子
能谱分析[50]

4.3.2　POSS 改性的阻燃热固性复合材料

　　由于 POSS 具有良好的耐热性和优异的热氧化稳定性，其在高分子阻燃领域的应用在过去数十年间获得了极大的发展。POSS 及其衍生物广泛应用于环氧树脂、聚氨酯、聚碳酸酯、氰酸酯树脂以及酚醛树脂阻燃改性研究。

　　双酚 A 聚碳酸酯（PC）是聚碳酸酯家族中应用最广泛的工程热塑性塑料之一，具有透明性高、机械强度高、热稳定性和阻燃性良好等优异性能。PC 是一种无定形聚合物，具有较高的玻璃化转变温度（$T_g = 140 \sim 150 ℃$）。虽然 PC 是一种天然高碳化聚合物，但通常需要严格的阻燃性能，所以 PC 在 UL-94 测试中显示为 V-2 等级。为了进一步提升 PC 的阻燃性能，改善其在高温时出现的熔滴现象，许多学术和工业研究人员进行了 PC 及其共混物的阻燃性研究。其中，对 PC 有效的无卤阻燃剂包括一些磷系、硫系和硅系阻燃剂。

　　硅系阻燃剂分为有机和无机两种形式，主要作用于 PC 的固相中，该类阻燃剂不仅会在高温时迁移至基材表面，同时还会在碳层中裂解产生—Si—C—或—Si—O—等结构，起到阻燃、隔绝热量和可燃气体的作用。就有机硅而言，POSS 因其特殊的笼形纳米结构和 Si—O 框架，能够在被适宜的有机基团取代后掺入大部分聚合物中，从而提高其复合材料的阻燃性，因此成为近年来研究的热点。

　　Song 等[51]采用熔融共混法制备了双酚 A 聚碳酸酯/3OH-POSS 杂化树脂，透射电子显微镜和傅里叶变换红外光谱的结果证实纳米级 POSS 颗粒很好地分散在 PC 基体中，POSS 的存在显著影响 PC 的热降解过程。通过锥形量热测试评估了混合物的燃烧行为。3OH-POSS 的添加显著降低了改性 PC 的热释放速率峰值，如图 4-25 所示。

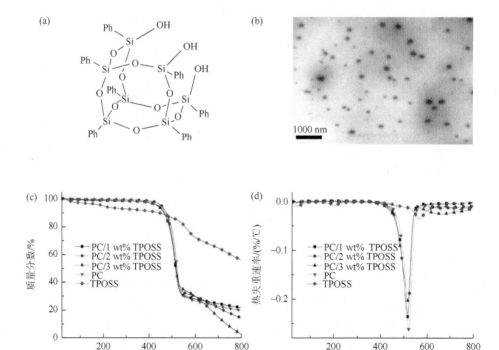

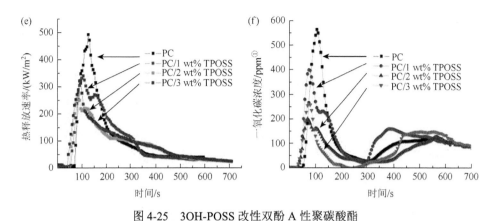

图 4-25　3OH-POSS 改性双酚 A 性聚碳酸酯

（a）POSS 的结构；（b）改性树脂的形貌；（c、d）改性树脂的热重；（e、f）改性树脂的阻燃性能[51]

随后，Yadav 等[52]通过原位温度辅助小角 X 射线散射（SAXS）和扫描电子显微镜分析，定量评估八苯基 POSS（Ph-POSS）与 PC 基体的分子相互作用，如图 4-26 所示。此外，他们还提出了各种温度下结构变化的可能机制。考虑到POSS纳米单元在 PC 基体中的高负载导致的相分离，通过动态分子模拟计算不同温度下的热力学相互作用参数和混合能。Cheng 等[53]利用实验室自制的八苯基倍半硅氧烷（PPSQ），制备了 6 wt%-PPSQ/PC 复合材料。热重红外联用（TG-FTIR）结果表明，PPSQ 极大降低了 CO_2 的释放并延长了释放时间，提高了 PC 在燃烧初期的稳定性。通过 PC/PPSQ 复合材料焦渣的气相和缩合相分析表明，其热解气态产物可以改善燃烧过程中的交联和膨胀。PPSQ 在气相中分解成 SiO_2，再沉积在冷凝相中，隔热隔氧，凝聚相在燃烧过程中能够有效保护内部材料，防止燃烧过程中热量渗透内部材料。此外，PC/PPSQ 复合材料的热释放速率（HRR）、总释放热量（THR）和烟释放总量（TSR）远低于 PC，其中 HRR 由 411 kW/m^2 降低至 243 kW/m^2，THR 由 86.5 MJ/m^2 降低至 45.5 MJ/m^2，TSR 由 2149 m^2/s 降低至 1124 m^2/s，可见 PPSQ 对隔热效果非常好。

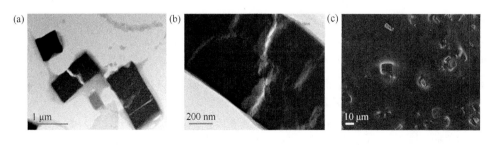

① 1 ppm = $1×10^{-6}$。

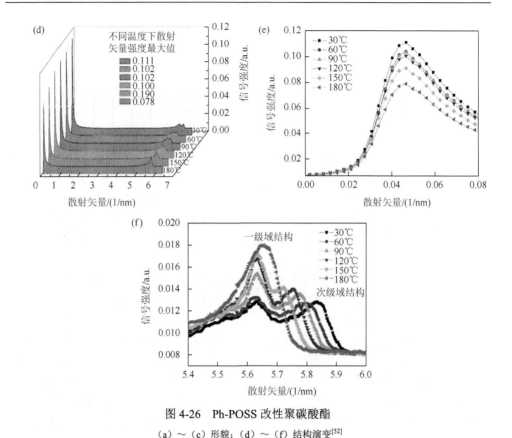

图 4-26　Ph-POSS 改性聚碳酸酯

（a）～（c）形貌；（d）～（f）结构演变[52]

EP 由于其优异的机械性能、电绝缘性、化学稳定性和黏合性能，已被广泛用于电子、轨道交通、航空航天和涂料领域。尽管如此，EP 作为一种合成高分子材料，其分子结构中含有大量的有机基团，它在燃烧过程中很容易点燃并释放大量黑烟[54]。因此，为了扩大其在要求苛刻的高标准消防安全领域的应用，需要开发高效阻燃剂和抑烟剂。Ye 等[55]通过封角反应合成了两种含氮 POSS（N-POSS），即氨乙基-氨丙基-七苯基 POSS（AEAP-POSS）和氨丙基-七苯基 POSS（AP-POSS），并分别制备了 EP 复合材料，如图 4-27 所示。热重结果表明，掺入 4 wt%的 N-POSS 纳米颗粒可显著提高 800℃时的质量分数，显著提高了 EP 复合材料的热稳定性。当引入 4 wt% AP-POSS 时，HRR、火势增长指数（FGI）、SPR 和 CO 生成速率峰值（p-COPR）分别降低 60.6%、70.2%、52.3%和 60.4%。

除传统的含氮、磷、硅化合物阻燃剂外，含金属元素的杂化物也是一种重要的阻燃剂。但金属 POSS 衍生物的分子设计开发仍是一个很大的挑战，因此金属 POSS 的相关合成和应用工作具有重要意义。Wu 等[56]将 KCl 纳米颗粒负载到八苯

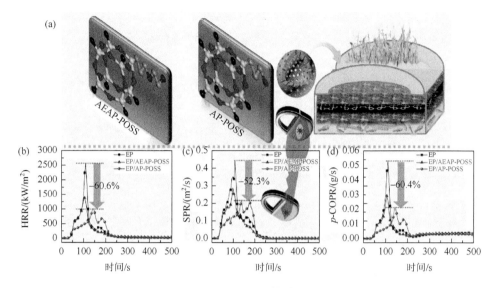

图 4-27　N-POSS 改性酚醛树脂

（a）制备过程；（b）～（d）阻燃性能[55]

基倍半硅氧烷（OPS-K）中并以共混的方式制备了阻燃 PC 复合材料。通过极限氧指数（LOI）、UL-94 和锥形量热仪测试研究证明，在 KCl 添加量为 4 wt%时，OPS-K 的氧指数能够从 28.1%提升至 34.5%，阻燃等级可以达到 V-0 等级，并且热释放速率峰值降低了 35%，如图 4-28 所示。OPS-K 赋予 PC 更优异的热稳定性和阻燃性，能够在燃烧过程中形成均匀致密的碳化层保护基材和隔绝热量传递。

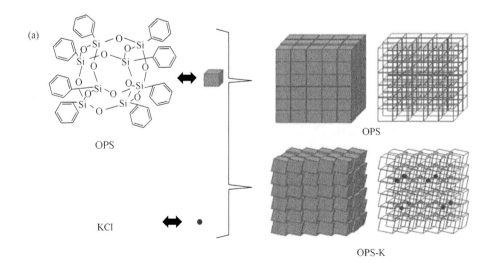

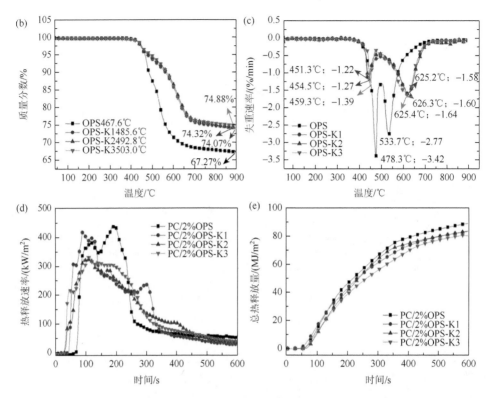

图 4-28　OPS-K 改性 PC 复合材料

（a）POSS 改性剂制备示意图；（b、c）热稳定性；（d、e）阻燃性能[56]

　　众所周知，DOPO 是一种经典的含磷试剂，其 P—H 键保证了其具有多种反应性，如取代、加成和氧化反应。Wu 等[57]通过开角、封角和 Kabachnik-Fields 反应三步法成功合成 N, N'-双(亚甲基)-双(9, 10-二氢-9-氧杂-10-磷杂菲-10-氧化物)-丙基异丁基-氨基-钛-POSS（Ti-POSS-bisDOPO），如图 4-29 所示。合成的 Ti-POSS-bisDOPO 结构的独特之处在于一个钛原子嵌入 POSS 骨架中，两个具有抗燃烧特性的 DOPO 基团连接到 POSS 笼角上的氨基丙基取代基上。制备的 Ti-POSS-bisDOPO 改性 EP 复合材料表现出良好的综合性能。相对于纯环氧树脂体系，添加 4.5 wt% Ti-POSS-bisDOPO 时，固化环氧树脂复合材料的 LOI 和质量百分率分别提高了 50%和 13%，分别达到 37.5%和 22.7%。同时 EP/Ti-POSS-bisDOPO 的 HRR、SPR、TSP、COP 和 CO_2P 均小于纯 EP。通过对凝相产物和析出的气态产物的分析，发现碳质碳很可能形成热稳定的陶瓷相，因为多种热解物质含有 TiO_2、Ti—O—P、Ti—O—Si、Ti—O—Ti、—P（＝O）O—Si 等成分，这些组分在燃烧过程中起阻挡层作用。此外，EP/Ti-POSS-bisDOPO 热解释放的不易燃气体和 $PO_2\cdot$ 和 $HPO_2\cdot$ 可

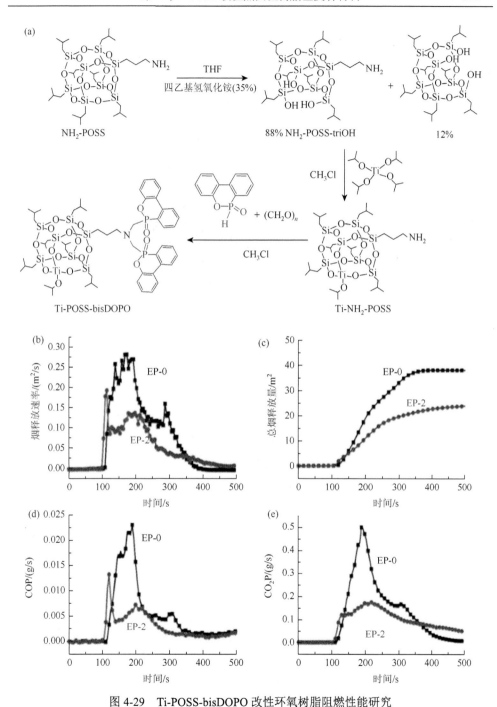

图 4-29　Ti-POSS-bisDOPO 改性环氧树脂阻燃性能研究

（a）POSS 合成路线；（b）～（e）改性树脂的阻燃性能；EP-0 为纯环氧树脂；EP-2 为添加 2 wt%Ti-POSS-bisDOPO 的复合环氧树脂[57]

以通过淬火作用提高阻燃性。从残碳形态上看，残碳的内层与外层之间存在非常清晰、明显的接合界面。此外，蜂窝状多层内层和致密的外层能有效地阻止传热和气体扩散，起到保护作用。总之，在合成的 Ti-POSS-bisDOPO 中，当 Ti 有效地掺杂到硅质笼芯的顶点时，它不仅可以催化燃烧过程中的碳形成，还可以提高改性环氧树脂的阻燃性。

4.3.3　基于 POSS 改性的透波热固性树脂复合材料

透波热固性树脂复合材料是指可以透射一定频率的电磁波的功能复合材料，已广泛应用于导弹、运载火箭、飞机、微波塔、微波中继站、通信天线的天线罩和天线窗口以及高性能印刷电路板（PCB）等领域[58-60]。但随着电子信息技术的飞速发展，第五代移动通信技术（5G）应运而生。根据国际标准化组织第三代合作伙伴计划（3 GPP）的协议规定，5G 网络主要使用频段一（FR1）和频段二（FR2）两段频率，其中 FR1 频段的范围是 410 MHz～7.125 GHz；FR2 频段的范围是 24.25～52.6 GHz，为毫米波频段。如图 4-30 所示，新技术对关键基础材料的性能提出更高需求，相比于 4G 技术，5G 信号传输波段频率高、波长短、衍射能力差、信号传输衰减快[61]。

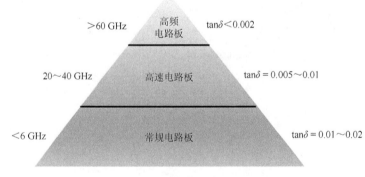

图 4-30　不同频段对材料介电损耗的要求[61]

GHz：信号传输频段单位，tanδ：介电损耗

事实上，电信号在透波复合材料中的传输速率和传输稳定性与材料的介电性能密切相关，其中信号传输速率（V_p）和介电常数（ε）的关系如下所示[62]：

$$V_{\mathrm{p}} = \frac{C}{\sqrt{\varepsilon}} \qquad (4\text{-}1)$$

信号损耗（L）与透波复合材料介电性能及频率的关系：

$$L = K \frac{f}{c} \varepsilon \sqrt{\tan \delta} \tag{4-2}$$

式中，K 为常数；f 为频率；c 为光速；ε 为介电常数；$\tan\delta$ 为介电损耗，即介电损耗角正切。由此可见，透波材料的介电常数和介电损耗越高，电信号的传输速率越慢、损耗越大；且频率越高，器件的传输损耗越依赖于材料的介电性能[63]。因此，目前常用的低介电环氧树脂、双马来酰亚胺树脂、氰酸酯树脂及其纤维增强复合材料的介电常数（ε）和介电损耗（$\tan\delta$）（表 4-1）需进一步降低。

表 4-1　常用热固性树脂基体的主要性能

树脂类型	密度/(g/cm³)	弯曲强度/MPa	介电常数	介电损耗
EP	1.30	97	3.7~4.1	0.018~0.020
BMI	1.30	125	3.1~3.5	0.005~0.020
CE	1.17	80	2.8~3.2	0.002~0.008

透波热固性树脂复合材料由具有不同 ε_1 的树脂基体以及不同 ε_2 纤维两相组成，其介电常数 ε 遵循 Lichtenecher 机理[63]：

$$\log \varepsilon = V_0 \log \varepsilon_0 + V_1 \log \varepsilon_1 + V_2 \log \varepsilon_2 \tag{4-3}$$

式中，V_0、V_1 和 V_2 分别代表复合材料中空气、树脂基体以及纤维的体积分数；ε、ε_0、ε_1 以及 ε_2 分别代表复合材料以及其中空气、树脂基体以及纤维的介电常数，通常 $\varepsilon_0 = 1$，$V_0 + V_1 + V_2 = 1$。由此可知，降低树脂基复合材料的介电常数和介电损耗可以从两方面入手，其一是降低树脂基体的介电常数和介电损耗；其二是选择介电常数和介电损耗更低的纤维作为增强相。其次，改善纤维与树脂基体之间的界面黏接，降低复合材料纤维-树脂两相界面的界面极化，也是降低复合材料的整体介电常数和介电损耗的有效方法。

POSS 特殊的笼形结构（相当于亚纳米级微孔）具有一定孔隙率，可降低材料的密度，从而降低材料单位体积内的极化分子数，实现降低树脂基体的介电常数和介电损耗的目的[64]。另外，由于常用的本征低介电树脂属于多芳环聚合物，芳环的 π-π 堆叠易引起电子离域，进而诱导电子极化。合理利用 POSS 刚性笼的位阻效应，可有效避免树脂的 π-π 堆叠，并降低树脂的介电常数和介电损耗[65]。其次，基于本章 4.1.2 节关于 POSS 功能化纤维表面的论述，POSS 作为"偶联桥"可增强树脂与纤维之间的界面黏附，降低复合材料在外电场下的界面极化，故也可在一定程度上有效降低纤维增强树脂基复合材料的介电常数和介电损耗[66, 67]。

除去需低介电性能保证透波功能之外，透波复合材料还需要具备更优异的力学性能、热稳定性，以用于抵抗风蚀、雨蚀、冲击等恶劣工况，同时提升其使用寿命。POSS 作为"最小尺度的纳米二氧化硅"，利用其小尺寸效应，可实现对树脂基体的"增强补韧"；其次，基于本书 4.1、4.2 节对 POSS 改性树脂基体、纤维、无机填料的论述，利用 POSS 可实现对树脂基体交联网络、树脂-纤维相结构、树脂-无机填料相结构的精准调控，进而改善树脂基复合材料的力学性能和热稳定性。综上，POSS 独特的结构功能特性，使其在改善透波热固性树脂复合材料的力学性能、热稳定性以及透波功能性等综合性能方面发挥巨大优势。

Hao 等[68]将巯丙基异丁基 POSS（POSS-SH）接枝到 4,4′-二烯丙基双酚-A 二缩水甘油醚（DADGEBA）上，并随后以 4,4′-二氨基二苯基甲烷（DDM）作为固化剂，制备了带有 POSS 悬挂链的改性环氧树脂（EGP）。当 POSS 添加量为 20 wt%时，EGP-20 的介电常数和介电损耗（1 MHz）分别由 4.12 和 0.022 降低至 3.52 和 0.015。此外，EGP-20 的拉伸强度和拉伸模量分别提高 22.9%和 31.6%[图 4-31（a、b）]。Zeng 等[15]设计合成了三乙烯基开笼 POSS（TAP-POSS）与 BD 型双马来酰亚胺树脂共聚，制备的 TAP-POSS/BD 的介电常数降低至 4.39，同时玻璃化转变温度提高至 36.0℃。Tang 等[69]用多巴胺和环氧环己基异丁基 EP-POSS 依次包覆芳纶（Kevlar）纤维，制备了功能化的 f-Kevlar 纤维，并以此为增强体制备了氰酸酯树脂基复合材料。由于"偶联桥"POSS 的引入，杂化复合材料的介电常数和损耗分别降低至 2.94 和 0.009（1 MHz），透波效率由 88.4%提升至 92.0%；同时，与未经处理的复合材料相比，弯曲强度和层间剪切强度分别提高 28.8%和 73.7%[图 4-31（c、d）]。

以往的研究均证明 POSS 在改善透波热固性树脂复合材料综合性能方面具有很大优势。但目前对于 POSS 的选择，主要集中在商用的苯基、缩水甘油醚丙基、甲基丙烯酰氧丙基、乙烯基 POSS。设计策略（对于 POSS 选择）的局限性，不仅不利于建立此类材料内在构效关系，而且限制了其更高性能的实现。基于此，马晓燕等选择非反应型缩水甘油醚丙基 G-POSS 和反应型的 MA-POSS 分别以共混

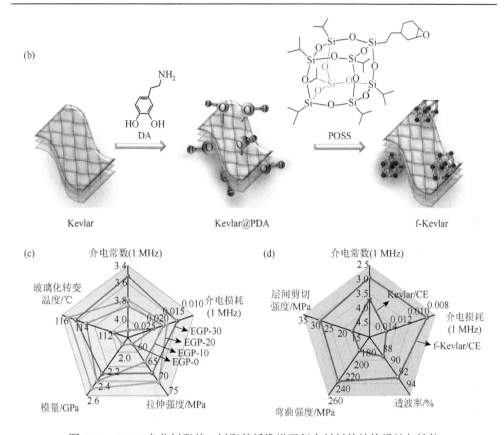

图 4-31　POSS 杂化树脂基、树脂基纤维增强复合材料的结构设计与性能

（a）带有 POSS 悬挂链的 EGP 的制备；（b）POSS 功能化 Kevlar 纤维改善树脂基复合材料界面；（c）EGP 的力学性能、介电性能以及热稳定性等综合性能；（d）POSS 功能化 Kevlar/CE 的介电性能、透波性能以及力学性能[68,69]

法和共聚法改性双马来酰亚胺树脂[70]，探究 POSS 与树脂的反应活性与杂化树脂力学性能以及介电性能的内在联系[图 4-32（a）]。结果发现，在 POSS 负载量相同的情况下，与不能参与树脂固化反应的 G-POSS 相比，可参与树脂固化反应的 MA-POSS 的改性效果更为突出。如图 4-32（b、c）所示，当 POSS 添加量为 3 wt%时，与纯 CD 树脂相比，BDMP$_{-3.0}$ 杂化树脂的弯曲强度和冲击强度分别提升 24.8%（147.6 MPa）和 102.0%（19.0 kJ/m^2），而 BDGP$_{-3.0}$ 杂化树脂仅能提升 13%（133.7 MPa）和 47.5%（14.0 kJ/m^2）。除此之外，BDMP$_{-3.0}$ 杂化树脂的介电常数和介电损耗还分别降低至 3.04 和 0.006（1 MHz）。以上信息均证明，与惰性 POSS 相比，反应型 POSS 更有利于提升树脂的力学和介电性能。

　　在此基础上，马晓燕等进一步优化 POSS 的结构[17]，设计合成了丁香酚功能化的烯丙基 EG-POSS，用于改性 BD 型双马来酰亚胺树脂。研究发现，由于丁

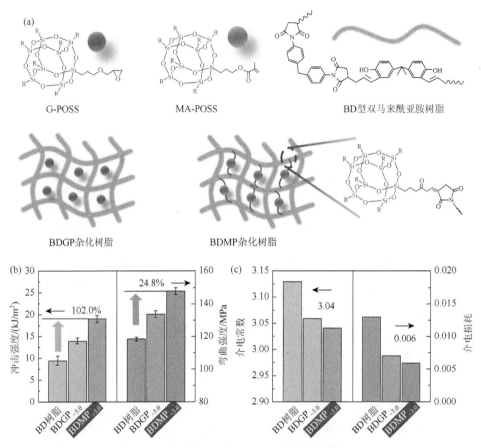

图 4-32　反应型、非反应型 POSS 改性双马来酰亚胺树脂结构与性能

（a）G-POSS、MA-POSS 改性 BD 型双马来酰亚胺树脂结构；（b）BD 树脂、BDGP$_{-3.0}$ 和 BDMP$_{-3.0}$ 杂化树脂的弯曲强度和冲击强度；（c）BD 树脂、BDGP$_{-3.0}$ 和 BDMP$_{-3.0}$ 杂化树脂的介电常数和介电损耗

香酚基团和 BD 树脂的单体（二烯丙基双酚 A）结构类似，合成的 EG-POSS 甚至可以在室温下完全溶解于其中。其次，由于 EG-POSS 的烯丙基具有自阻聚作用，可有效避免烯类改性剂在与 BD 树脂单体预聚时发生自聚的现象，而更趋向于和树脂发生反应。EG-POSS 优异的溶解性和反应性不仅改善了 BDEP 杂化树脂的工艺性，而且更有利于实现 POSS 在树脂中的分子级均匀分散并调控树脂交联网络。如图 4-33 所示，BDEP 杂化树脂的截至波长向低波数蓝移，证明 POSS 的刚性笼抑制了体系内芳环的 π-π 堆叠。另外，EG-POSS 的烯丙基苯侧基与 MA-POSS 的甲基丙烯酸酯侧基相比，极性更低。因此，当 EG-POSS 的添加量为 4 wt%时，BDEP$_{-0.04}$ 杂化树脂介电常数更低，仅为 2.88（1 MHz）。EG-POSS 中的八个烯丙基侧基均可参与树脂的固化，使 BDEP 杂化树脂的交联密度大幅提

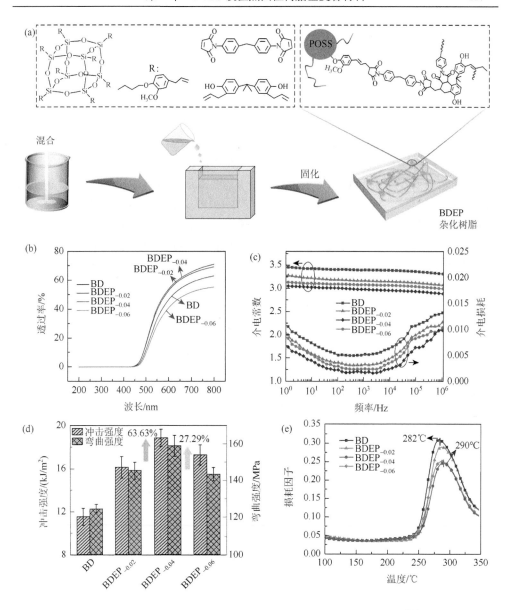

图 4-33　反应型 EG-POSS 改性双马来酰亚胺树脂结构与性能[17]

（a）EG-POSS 改性 BD 型双马来酰亚胺杂化树脂的制备过程与结构；（b）BDEP 杂化树脂的紫外可见光谱图；
（c）BDEP 杂化树脂的介电常数和介电损耗；（d）BDEP 杂化树脂的弯曲强度和冲击强度；（e）BDEP 杂化树
脂的损耗因子

升，故 BDEP$_{-0.04}$ 的玻璃化转变温度提升了 8℃（为 290℃），弯曲强度提高了 27.3%
（159.0 MPa），而冲击强度仅提高了 63.6%（18.8 kJ/m²）。也因此，以高硅氧纤维作为增强体制备的杂化树脂基复合材料（SPSF/BDEP）的弯曲强度、层间剪切强度以及介电性能均由于树脂基体性能的提升得到改善。其中，SF/BDEP$_{-0.04}$的弯曲强度、弯曲模量和层间剪切强度分别高达 309.99 MPa、15.70 GPa 和 35.41 MPa，与 SF/BD 复合材料相比分别提升了 47.5%、25.0% 和 50.1%。更重要的是，其介电常数和介电损耗（1 MHz）分别由 3.93 和 0.009 降低至 3.67 和 0.006。所以，SF/BDEP$_{-0.04}$的透波效率提高至 94.2%。

另外，马晓燕等还将 POSS 负载到含氟聚双酚 A 羟基醚主链中[26]，制备了含 POSS 的串珠型聚合物（FPHE-POSS），用于改性 CE，并以含氟双酚 A 型聚羟基醚为对照组。如图 4-34 所示，合理的设计使 FPHE-POSS 聚羟基醚主链结构不仅含有柔性的醚键，而且具有刚性的 POSS 笼。此外，还具有低电子极化率的三氟甲基、含活性氢的羟基等功能基元。因此，FPHE-POSS 对于同时平衡、协调氰酸酯树脂的力学性能、热稳定性以及介电性能，发挥出巨大优势。如图 4-34 所示，当 FPHE-POSS 的添加量为 6 wt%时，FPHE-POSS$_6$/CE 杂化树脂的介电常数和介电损耗分别为低至 2.48 和 0.00129（1 MHz）。同时，与纯 CE 树脂相比，杂化树

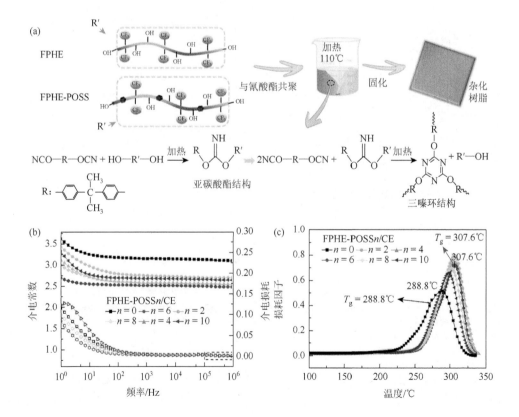

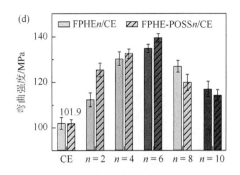
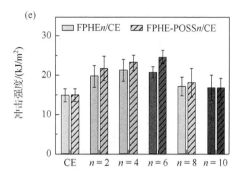

图 4-34　基于 POSS 的线形聚合物改性氰酸酯树脂的结构与性能[26]

不含 POSS 的聚合物作为对照组。（a）FPHE-POSS 改性氰酸酯杂化树脂的制备；（b）杂化树脂的介电性能；（c）杂化树脂的测试损耗因子；（d）杂化树脂的弯曲强度；（e）杂化树脂的冲击强度

脂的弯曲强度和冲击强度分别提高了 36.9%（139.5 MPa）和 65.0%（24.6 kJ/m²），玻璃化转变温度提升了 18.8℃（为 307.6℃）。其次，其主链结构上的活性羟基催化氰酸酯的固化反应，大幅降低了其固化活化能。

　　研究发现，POSS 改性热固性树脂时，POSS 的负载量是限制材料性能进一步提升的关键问题。基于此，马晓燕等设计了以 POSS 为构筑基元[71]，即以 POSS 为单体直接制备分子级有机-无机杂化热固性树脂，以期获得更优异的力学性能、热稳定性和介电性能。如图 4-35 所示，设计开笼形四缩水甘油醚基 POSS，并分别与双酚 A 和六氟双酚共聚，制备 POSS 基的新型环氧树脂。结果表明，这种合理的设计使这两种材料即使在高 POSS 负载量（>72.0 wt%）下，也能实现分子均质杂化，这是与之前报道的材料相比具有更优越的介电、热稳定性和疏水性的

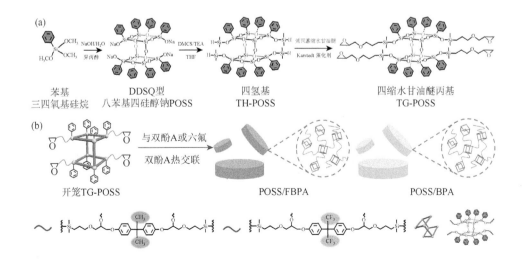

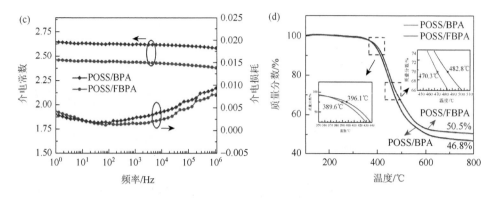

图 4-35　POSS 基本征低介电环氧树脂的制备、结构与性能

（a）开笼形 TG-POSS 的合成；（b）TG-POSS 与二酚单体交联制备 POSS 基环氧树脂（POSS/BPA、POSS/FBPA）；
（c）POSS/BPA、POSS/FBPA 的介电性能；（d）POSS/BPA、POSS/FBPA 的热失重曲线[71]

主要原因。其中，由于三氟甲基的低电子极化率的额外贡献，氟化 POSS/FBPA 的介电常数和介电损耗分别低至 2.38 和 0.008（1 MHz），初始分解温度高达 396.1℃。此外，其分散良好、适度交联和"刚柔并济"的聚合物网络还具有优异的力学性能（断裂伸长率为 3.50%，杨氏模量为 2.75 GPa）。

4.3.4　基于 POSS 改性的抗原子氧热固性复合材料

原子氧（AO）是分子氧在太阳紫外线辐射下分解产生的，它是导致有机物质老化降解的主要原因。在低地球轨道（LEO）上航行的飞行器所处环境是高真空，存在原子氧、紫外线辐射等外界干扰。此外，航天器外部材料处于常热循环以及由微流星体和轨道碎片引起的超高速撞击工况中。聚合物通常容易受到这些环境因素的影响，因此由聚合物基复合材料组成的结构需不受 LEO 空间环境的影响。在 LEO 空间环境因素中，对聚合物基复合材料性能影响最关键的因素之一即为太阳紫外线辐射分子氧光解形成的 AO。当航天器以大约 8 km/s 的速度绕地球运行时，AO 撞击材料表面的撞击能足以打破化学键，因而影响聚合物复合材料的性能。

通过添加 POSS 填料提高聚合物基体的热稳定性和抗原子氧的策略已经得到了深入的研究[72, 73]。POSS 提升聚合物的热稳定性和抗原子氧的机理主要是钝化层形成理论。与有机取代基和聚合物基质相比，POSS 的无机纳米笼对热氧化反应具有优异的耐久性。无机核成分的这种高抗氧化特性导致聚合物基体选择性分解，而表面上的残留物积累形成惰性钝化层。AO 轰击下的钝化层，由于

SiO₂ 的存在，显著提高了材料的抗 AO 性。此外，钝化层还充当物理屏障，阻挡外部热流或辐射并抑制内部挥发性产物的释放，减少了材料的质量损失。

热固性环氧树脂具有量轻、机械强度高、热稳定性和耐化学性能良好的特点，常被用于航天器中，是 LEO 空间中应用最广的热固性聚合物，许多研究人员对其进行了广泛的抗氧原子应用研究。Choi 等[74]研究了八缩水甘油二甲基甲硅烷基 POSS（OG-POSS）对环氧树脂抗原子氧性能的影响，OG-POSS 的结构如图 4-36（a）所示。研究结果表明，OG-POSS 与环氧树脂有良好的相容性，与纯环氧树脂相比，含有 10 wt% OG-POSS 的 OG-POSS/环氧树脂纳米复合材料的 AO 质量损失率减少了 67%，如图 4-36（b）所示。Suliga 等[75]应用八缩水甘油醚 POSS（octa-POSS）改性环氧树脂。结果表明，随着 octa-POSS 含量的增加，AO 蚀刻引起的质量损失逐渐减少，这与材料表面的高 POSS 含量相关，因此侵蚀速率减慢。Zhang 等[76]在含氮杂环的催化下，使用戊二酸与 EP 和环氧 POSS 交联反应，设计并制备了一系列具有优异抗原子氧性能和热稳定性，且可回收的 EP-POSS vitrimer（EP-POSS 类玻璃化环氧树脂）。该 vitrimer 的拓扑网络可以通过动态酯键进行重组。由于 POSS 结构为刚性，聚合物网络交联密度高，优化后的 EP-POSS vitrimer 抗拉强度可达 94.4 MPa，断裂韧性可达 55.0 kJ/m³，可至少抵抗 6 h $1.1×10^{16}$ 原子/(cm²/s) 的 AO 通量。此外，由于 β-羟基酯网络的动态特性，EP-POSS vitrimer 具有可回收性。

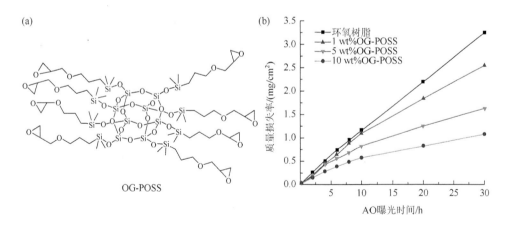

图 4-36　OG-POSS 改性环氧树脂

（a）OG-POSS 的结构图；（b）改性环氧树脂在不同 AO 曝光时间下的质量损失率[74]

氰酸酯树脂是一种性能出众的复合材料树脂基体。它的耐热性、工艺性、微波介电性优秀，拥有更高的尺寸稳定性，且与碳纤维的兼容性出众，在航天器结构材料中极具应用潜力。为提高 CE 的抗氧化性能，Peng 等[77]采用溶液混合法将 POSS、石墨烯和 TiO$_2$（PGT）加入 CE 基体中制备了新型复合材料。如图 4-37（a）所示，与原始 CE 相比，所得 PGT/CE 复合材料的质量损失率显著降低，且其化学成分分析表明，氧化石墨烯在 PGT/CE 复合材料表面形成钝化层。而制得的碳纤维增强 PGT/CE 复合材料（T700/PGT/CE）与 T700/CE 复合材料相比，在 AO 辐射通量为 1.5×10^{21}O/cm^2 下暴露后 T700/PGT/CE 复合材料的层间剪切强度提高了 43%，如图 4-37（b）所示。

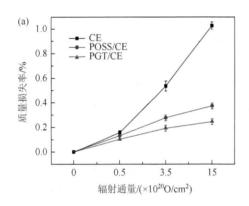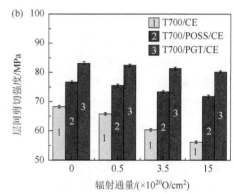

图 4-37　POSS、石墨烯和 TiO$_2$ 改性 CE 体系

（a）试样的质量损失率与 AO 辐射通量的关系图；（b）T700/CE、T700/POSS/CE 和 T700/PGT/CE 经不同 AO 辐射通量辐照后的层间剪切强度[77]

　　SR 中含有刚性的 Si—O—Si 骨架，在高温、高辐射等极端环境中有着广泛的应用。但在特殊辐射环境下，SR 的辐射稳定性仍不能满足实际需要。Shi 等[78]通过氧化八乙烯基 POSS（OV-POSS）合成了具有更高热稳定性，具有优异相容性的环氧基 POSS（ePOSS），并由此制备了具有良好热稳定性和抗氧原子性能的环氧 POSS(ePOSS)/SR 纳米复合材料。少量 ePOSS 的加入在 SR 中形成物理交联点，不仅可以增强基体的力学性能，而且由于两者良好的相容性，还可以大大提高其热稳定性，如图 4-38 所示。同时，由于 ePOSS 对氧原子存在抑制作用，ePOSS/SR 纳米复合材料在空气中的辐射稳定性高于 SR。

　　航天卫星对太阳辐射的绝缘是采用多层级隔热层结构实现的，隔热层的外层通常由 PI 组成，因为它们的热稳定性较好，具有良好的耐化学性和抗辐射性。除此之外，PI 的薄膜制品因具有良好的机械性能、热稳定性和优异的抗辐照特性，在航天器领域得到了广泛应用。但暴露在 AO 中时，PI 薄膜会发生显著的 AO 侵蚀。这种 AO 侵蚀可以通过在薄膜表面涂覆某些金属氧化涂层来控制，如铟锡氧化物（ITO）、二氧化硅（SiO₂）、氧化铝（Al₂O₃）或氧化锡（SnO₂）。但这类金属氧化涂层的韧性较差，不能够在较小弯曲半径下保持原有形态，在运输过程中易发生脱落，且会在低地轨道上微流星体或碎片的冲击下形成裂缝。基于此，研究人员开发出了多种有效的保护措施：①向 PI 有机层中引入含氟聚合物；②在聚合物表面植入金属离子或半导体从而为 PI 提供一定程度的韧性；③以抗氧化元件为添加剂或化学官能团引入PI 薄膜中；④通过在 PI 中共混或共聚加入 POSS 单体。

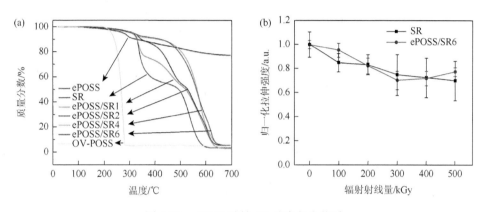

图 4-38　ePOSS 改性 SR 纳米复合体系

（a）ePOSS、SR 和 ePOSS/SR 纳米复合材料在氮气气氛中的热重；（b）SR 和 ePOSS/SR6 纳米复合材料在不同辐射射线量下的归一化拉伸强度[78]

在 PI 中加入 POSS 从而提高其抗 AO 性的原理是：在 AO 辐射下，POSS 笼（Si₂O₃）能够氧化成 SiO₂，通过自钝化在表面形成含 POSS 的网状液膜以保护聚合物基底免于侵蚀。这些含 POSS 的膜具有很好的抗 AO 性，但它们是电绝缘的。因此，若暴露在外太空的等离子环境下，它们可能会带电，从而导致静电放电，对航天器电子设备造成威胁。世界各地的研究人员一直在继续试验，以提高材料的性能。研究发现，嵌入 POSS 和开发的新型耐用和有效的混合聚合物纳米复合材料可以应用于空间探索系统。

Minton 等[79]合成了两种含 POSS 的 PI，POSS 分别位于聚合物的主链和侧基。在含 POSS 的 PI 暴露于原子氧期间，有机材料降解并形成二氧化硅钝化层。该二氧化硅层保护下面的聚合物免于进一步降解。根据 POSS 的质量百分比，含 POSS的 PI 的侵蚀率可能只有纯 PI 的 0.01 左右。他们发现，含 POSS 的 PI 的抗原子氧能力取决于聚合物中 POSS 的重量百分比，而不是它与 PI 主链的共聚方式，这表明成本较低的 POSS 单体，如此处研究的侧链单体可用于生产空间耐用型 PI。Atar等[80]研究了 POSS 含量为 0 wt%、5 wt%和 15 wt%的 CNT-POSS-PI 薄膜，如图 4-39

所示。复合薄膜显示出低至 200 Ω/m 的薄层电阻率，基本上保持了原始的 CNT 薄层电阻率。此外，发现电阻率在弯曲条件下也是稳定的，这明显由于常用但易碎的氧化锡铟涂层。而且 CNT-POSS-PI 薄膜在热循环、电离辐射和 AO 侵蚀的模拟空间环境测试中表现良好。在 2.3×10^{20} AO/cm^2 的流量条件下，含 15 wt% POSS 的复合薄膜的侵蚀率仅为 4.8×10^{-25} cm^3/AO，大约比纯 PI 低一个数量级。

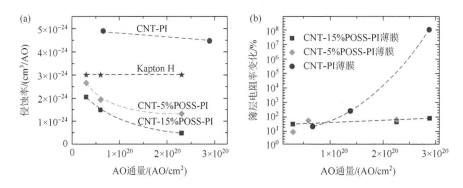

图 4-39　AO 侵蚀对 CNT-POSS-PI 薄膜（0 wt%、5 wt% 和 15 wt%POSS 含量）的影响

（a）复合膜和 Kapton H 的侵蚀率与 AO 通量的关系；（b）复合薄膜的薄层电阻率变化与 AO 通量的关系[80]

随后，Kim 等[81]利用反应分子动力学和第一性原理计算，研究了 PI/POSS 纳米复合材料的抗原子氧性能，揭示了 POSS 在复合材料中抗原子氧撞击的保护原理，如图 4-40 所示。POSS 对 PI 抗原子氧性能的提升可分为三步：①在低原子量通量条件下，笼形 POSS 是其抗原子氧的物理屏障；②原子氧通量的进一步增加，导致了 POSS 无机笼的坍塌，在表面形成了陶瓷层，抑制了基体中大分子的分层；③在高原子氧通量条件下，碰撞能量足够高，POSS 会裂解成小块，耗散大量的原子氧动能。

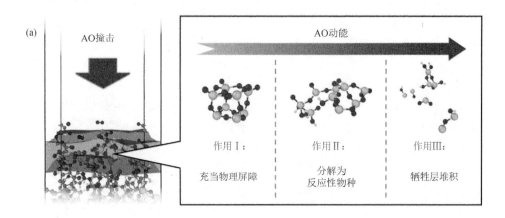

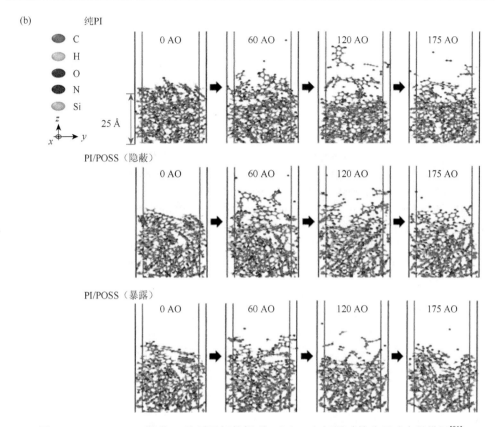

图 4-40　(a) POSS 提升 PI 抗原子氧的机理；(b) AO 辐照时的分子动力学模拟[81]

参 考 文 献

[1]　Qin J Y，Zhao H P，Qin Z L，et al. Effect of polyhedral oligomeric silsesquioxanes with different structures on dielectric and mechanical properties of epoxy resin. Polymer Composites，2021，42 (7)：3445-3457.

[2]　Ye X M，Zhang W C，Yang R J，et al. Facile synthesis of lithium containing polyhedral oligomeric phenyl silsesquioxane and its superior performance in transparency，smoke suppression and flame retardancy of epoxy resin. Composites Science and Technology，2020，189：108004.

[3]　Ye X M，Li J J，Zhang W C，et al. Fabrication of eco-friendly and multifunctional sodium-containing polyhedral oligomeric silsesquioxane and its flame retardancy on epoxy resin. Composites Part B：Engineering，2020，191：107961.

[4]　Qi Z，Zhang W C，He X D，et al. High-efficiency flame retardancy of epoxy resin composites with perfect T_8 caged phosphorus containing polyhedral oligomeric silsesquioxanes(P-POSSs). Composites Science and Technology，2016，127：8-19.

[5]　Wu G，Ma L，Wang Y，et al. Interfacial properties and impact toughness of methylphenylsilicone resin composites

by chemically grafting POSS and tetraethylenepentamine onto carbon fibers. Composites Part A: Applied Science and Manufacturing, 2016, 84: 1-8.

[6] Liu C, Chen T, Yuan C H, et al. Modification of epoxy resin through the self-assembly of a surfactant-like multi-element flame retardant. Journal of Materials Chemistry A, 2016, 4 (9): 3462-3470.

[7] Wang Y Z, Chen W Y, Yang C C, et al. Novel epoxy nanocomposite of low D_k introduced fluorine-containing POSS structure. Journal of Polymer Science Part B: Polymer Physics, 2007, 45 (4): 502-510.

[8] Chen W Y, Wang Y Z, Kuo S W, et al. Thermal and dielectric properties and curing kinetics of nanomaterials formed from poss-epoxy and meta-phenylenediamine. Polymer, 2004, 45 (20): 6897-6908.

[9] Eed H, Ramadin Y, Zihlif A M, et al. Impedance and thermal conductivity properties of epoxy/polyhedral oligomeric silsequioxane nanocomposites. Radiation Effects and Defects in Solids, 2013, 169 (3): 204-216.

[10] Fritz N, Saha R, Allen S A B, et al. Photodefinable epoxycyclohexyl polyhedral oligomeric silsesquioxane. Journal of Electronic Materials, 2009, 39 (2): 149-156.

[11] Min D M, Cui H Z, Hai Y L, et al. Interfacial regions and network dynamics in epoxy/POSS nanocomposites unravelling through their effects on the motion of molecular chains. Composites Science and Technology, 2020, 199: 108329.

[12] Zeng B R, Hu R, Zhou R R, et al. Co-flame retarding effect of ethanolamine modified titanium-containing polyhedral oligomeric silsesquioxanes in epoxy resin. Applied Organometallic Chemistry, 2019, 34 (1): e5266.

[13] Zhai C C, Xin F, Cai L Y, et al. Flame retardancy and pyrolysis behavior of an epoxy resin composite flame-retarded by diphenylphosphinyl-POSS. Polymer Engineering & Science, 2020, 60 (12): 3024-3035.

[14] Zhang S, Li X, Fan H, et al. Epoxy nanocomposites: Improved thermal and dielectric properties by benzoxazinyl modified polyhedral oligomeric silsesquioxane. Materials Chemistry and Physics, 2019, 223: 260-267.

[15] Zeng L, Liang G Z, Gu A J, et al. High performance hybrids based on a novel incompletely condensed polyhedral oligomeric silsesquioxane and bismaleimide resin with improved thermal and dielectric properties. Journal of Materials Science, 2011, 47: 2548-2558.

[16] Xu Z G, Zhao Y, Wang X G, et al. A thermally healable polyhedral oligomeric silsesquioxane(POSS) nanocomposite based on Diels-Alder chemistry. Chemical Communications, 2013, 49 (60): 6755-6757.

[17] Zhang Z, Zhou Y, Cai L, et al. Synthesis of eugenol-functionalized polyhedral oligomer silsesquioxane for low-k bismaleimide resin combined with excellent mechanical and thermal properties as well as its composite reinforced by silicon fiber. Chemical Engineering Journal, 2022, 439: 135740.

[18] Devaraju S, Vengatesan M R, Selvi M, et al. Thermal and dielectric properties of newly developed linear aliphatic-ether linked bismaleimide-polyhedral oligomeric silsesquioxane (POSS-AEBMI) nanocomposites. Journal of Thermal Analysis and Calorimetry, 2014, 117: 1047-1063.

[19] Hu J T, Gu A J, Liang G Z, et al. Preparation and properties of high-performance polysilsesquioxanes/ bismaleimide-triazine hybrids. Journal of Applied Polymer Science, 2010, 120 (1): 360-367.

[20] Tang C, Yan H X, Li S, et al. Effects of novel polyhedral oligomeric silsesquioxane containing hydroxyl group and epoxy group on the dicyclopentadiene bisphenol dicyanate ester composites. Polymer Testing, 2017, 59: 316-327.

[21] Ayyavu C, Kanniyan D, Achimuthu A K, et al. Synthesis and characterization of epoxy modified cyanate ester POSS nanocomposites. High Performance Polymers, 2012, 24 (5): 405-417.

[22] Ariraman M, Sasikumar R, Alagar M. Cyanate ester tethered POSS/BACY nanocomposites for low-k dielectrics.

Polymers for Advanced Technologies，2016，27（5）：597-605.

[23]　Bershtein V，Fainleib A，Yakushev P，et al. High performance multi-functional cyanate ester oligomer-based network and epoxy-POSS containing nanocomposites：Structure，dynamics，and properties. Polymer Composites，2020，41（5）：1900-1912.

[24]　Jiao J，Zhao L Z，Xia Y，et al. Toughening of cyanate resin with low dielectric constant by glycidyl polyhedral oligomeric silsesquioxane. High Performance Polymers，2016，29（4）：458-466.

[25]　Tian D，Suo Q，Ma X Y. Preparation and properties of diglycidyloxypropyloctaphenyl double-decker sisesquioxane/cyanate resin composites. Acta Materiae Compositae Sinica，2020，37（3）：512-518.

[26]　Zhou Y J，Zhang Z W，Wang P R，et al. High-performance and low-dielectric cyanate ester resin optimized by regulating the structure of linear polyhydroxy ether modifier. Composites Part A：Applied Science and Manufacturing，2022，162：107136.

[27]　Cao J，Fan H，Li B G，et al. Synthesis and evaluation of double-decker silsesquioxanes as modifying agent for epoxy resin. Polymer，2017，124：157-167.

[28]　Pranavi D，Rajagopal A，Reddy J N. Interaction of anisotropic crack phase field with interface cohesive zone model for fiber reinforced composites. Composite Structures，2021，270：114038.

[29]　Schadler L. Model interfaces. Nature Materials，2007，6（4）：257-258.

[30]　Zhang C，Wu G，Jiang H. Tuning interfacial strength of silicone resin composites by varying the grafting density of octamaleamic acid-POSS modified onto carbon fiber. Composites Part A：Applied Science and Manufacturing，2018，109：555-563.

[31]　Zhang R L，Gao B，Du W T，et al. Enhanced mechanical properties of multiscale carbon fiber/epoxy composites by fiber surface treatment with graphene oxide/polyhedral oligomeric silsesquioxane. Composites Part A：Applied Science and Manufacturing，2016，84：455-463.

[32]　Jiang D，Xing L，Liu L，et al. Interfacially reinforced unsaturated polyester composites by chemically grafting different functional POSS onto carbon fibers. Journal of Materials Chemistry A，2014，2（43）：18293-18303.

[33]　Gao B，Zhang R，He M，et al. Interfacial microstructure and mechanical properties of carbon fiber composites by fiber surface modification with poly(amidoamine)/polyhedral oligomeric silsesquioxane. Composites Part A：Applied Science and Manufacturing，2016，90：653-661.

[34]　Jiang D，Liu L，Long J，et al. Reinforced unsaturated polyester composites by chemically grafting amino-POSS onto carbon fibers with active double spiral structural spiralphosphodicholor. Composites Science and Technology，2014，100：158-165.

[35]　Zhang R L，Wang C G，Liu L，et al. Polyhedral oligomeric silsesquioxanes/carbon nanotube/carbon fiber multiscale composite：Influence of a novel hierarchical reinforcement on the interfacial properties. Applied Surface Science，2015，353：224-231.

[36]　Kafi A，Li Q，Chaffraix T，et al. Surface treatment of carbon fibres for interfacial property enhancement in composites via surface deposition of water soluble POSS nanowhiskers. Polymer，2018，137：97-106.

[37]　Song B，Meng L H，Huang Y D. Improvement of interfacial property between PBO fibers and epoxy resin by surface grafting of polyhedral oligomeric silsesquioxanes(POSS). Applied Surface Science，2012，258（24）：10154-10159.

[38]　Niu Z Q，Li G，Ma X Y，et al. Synergetic effect of O-POSS and T-POSS to enhance ablative resistant of

phenolic-based silica fiber composites via strong interphase strength and ceramic formation. Composites Part A: Applied Science and Manufacturing, 2022, 155: 106855.

[39]　Jiao J, Wang L, Lv P P, et al. Improved dielectric and mechanical properties of silica/epoxy resin nanocomposites prepared with a novel organic-inorganic hybrid mesoporous silica: POSS-MPS. Materials Letters, 2014, 129: 16-19.

[40]　Yu W Q, Fu J F, Dong X, et al. A graphene hybrid material functionalized with POSS: Synthesis and applications in low-dielectric epoxy composites. Composites Science and Technology, 2014, 92: 112-119.

[41]　Yuan R, Ji L, Wu Y, et al. "Plate-anchor" shaped POSS-functionalized graphene oxide with self-fixing effect in polyimide matrix: Molecular dynamic simulations and experimental analysis. Composites Science and Technology, 2019, 176: 103-110.

[42]　Zhang X, Lei Y, Li C, et al. Superhydrophobic and multifunctional aerogel enabled by bioinspired salvinia leaf-like structure. Advanced Functional Materials, 2022, 32 (14): 2110830.

[43]　Gu J, Liang C, Dang J, et al. Ideal dielectric thermally conductive bismaleimide nanocomposites filled with polyhedral oligomeric silsesquioxane functionalized nanosized boron nitride. RSC Advances, 2016, 6 (42): 35809-35814.

[44]　Gupta R, Kandasubramanian B. Hybrid caged nanostructure ablative composites of octaphenyl-POSS/RF as heat shields. RSC Advances, 2015, 5 (12): 8757-8769.

[45]　Wang D, Ding J, Wang B, et al. Synthesis and thermal degradation study of polyhedral oligomeric silsesquioxane (POSS) modified phenolic resin. Polymers, 2021, 13 (8): 1182.

[46]　Dong Y, He J, Yang R. Phenolic resin/polyhedral oligomeric silsesquioxane (POSS) composites: Mechanical, ablative, thermal, and flame retardant properties. Polymers for Advanced Technologies, 2019, 30 (8): 2075-2085.

[47]　Niu Z Q, Tian D, Yan L, et al. Synthesis of 3, 13-diglycidyloxypropyloctaphenyl double-decker polyhedral oligomeric silsesquioxane and the thermal reaction properties with thermosetting phenol-formaldehyde resin. Journal of Applied Polymer Science, 2020, 137 (44): 49376.

[48]　Niu Z, Li G, Xin Y, et al. Enhanced thermal and anti-ablation properties of high-temperature resistant reactive POSS modified boron phenolic resin. Journal of Applied Polymer Science, 2022, 139 (18): 52087.

[49]　Niu Z, Xin Y, Wang L Y, et al. Two birds with one stone: Construction of bifunctional-POSS hybridized boron-silicon ceramicized phenolic composites and its ablation behavior. Journal of Materials Science & Technology, 2023, 141: 199-208.

[50]　Xin Y, Niu Z Q, Shen S, et al. A novel B–Si–Zr hybridized ceramizable phenolic resin and the thermal insulation properties of its fiber-reinforced composites. Ceramics International, 2023, 49 (3): 4919-4928.

[51]　Song L, He Q, Hu Y, et al. Study on thermal degradation and combustion behaviors of PC/POSS hybrids. Polymer Degradation and Stability, 2008, 93 (3): 627-639.

[52]　Yadav R, Naebe M, Wang X, et al. Temperature assisted in-situ small angle X ray scattering analysis of Ph-POSS/PC polymer nanocomposite. Scientific Reports, 2016, 6 (1): 29917.

[53]　Cheng B, Li X, Hao J, et al. The effect of pyrolysis gaseous and condensed char of PC/PPSQ composite on combustion behavior. Polymer Degradation and Stability, 2016, 129: 47-55.

[54]　Qin P, Yi D, Hao J, et al. Fabrication of melamine trimetaphosphate 2D supermolecule and its superior performance on flame retardancy, mechanical and dielectric properties of epoxy resin. Composites Part B:

Engineering，2021，225：109269.

[55]　Ye X，Feng Y，Tian P，et al. Engineering two nitrogen-containing polyhedral oligomeric silsesquioxanes(N-POSSs) to enhance the fire safety of epoxy resin endowed with superior thermal stability. Polymer Degradation and Stability，2022，200：109946.

[56]　Wu X，Qin Z，Zhang W，et al. KCl nanoparticles-loaded octaphenylsilsesquioxane as an efficient flame retardant for polycarbonate. Reactive and Functional Polymers，2022，177：105284.

[57]　Wu H，Zeng B，Chen J，et al. An intramolecular hybrid of metal polyhedral oligomeric silsesquioxanes with special titanium-embedded cage structure and flame retardant functionality. Chemical Engineering Journal，2019，374：1304-1316.

[58]　Su L，Li M Z，Wang H J，et al. Resilient Si$_3$N$_4$ nanobelt aerogel as fire-resistant and electromagnetic wave-transparent thermal insulator. ACS Applied Materials & Interfaces，2019，11（17）：15795-15803.

[59]　Fan X M，He J，Mu J L，et al. Triboelectric-electromagnetic hybrid nanogenerator driven by wind for self-powered wireless transmission in internet of things and self-powered wind speed sensor. Nano Energy，2020，68：104319.

[60]　Watanabe A O，Tehrani B K，Ogawa T，et al. Ultralow-loss substrate-integrated waveguides in glass-based substrates for millimeter-wave applications. IEEE Transactions on Components Packaging and Manufacturing Technology，2020，10（3）：531-533.

[61]　Shi H Y，Liu X W，Lou Y. Materials and micro drilling of high frequency and high speed printed circuit board：A review. International Journal of Advanced Manufacturing Technology，2019，100（1-4）：827-841.

[62]　Lin C H，Chiang J C，Wang C S. Low dielectric thermoset. Ⅰ. Synthesis and properties of novel 2, 6-dimethyl phenol-dicyclopentadiene epoxy. Journal of Applied Polymer Science，2003，88（11）：2607-2613.

[63]　Khan S，Ali H，Khalily M，et al. Miniaturization of dielectric resonator antenna by using artificial magnetic conductor surface. IEEE Access，2020，8：68548-68558.

[64]　Huang C，Li J H，Xie G X，et al. Low-dielectric constant and low-temperature curable polyimide/POSS nanocomposites. Macromolecular Materials and Engineering，2019，304（12）：1900505.

[65]　Li T，Sun Y，Dai H Y，et al. Preparation and characterization of low-*k* polyhedral oligomeric silsesquioxane/polyimide hybrid films. Materials Chemistry and Physics，2022，278：125716.

[66]　Liu Z D，Song B，Wang T T，et al. Significant improved interfacial properties of PBO fibers composites by *in-situ* constructing rigid dendritic polymers on fiber surface. Applied Surface Science，2020，512：145719.

[67]　Li W C，Huang W，Kang Y，et al. Fabrication and investigations of G-POSS/cyanate ester resin composites reinforced by silane-treated silica fibers. Composites Science and Technology，2019，173：7-14.

[68]　Hao L，Chen J J，Ma T，et al. Low dielectric and high performance of epoxy polymer via grafting POSS dangling chains. European Polymer Journal，2022，173：111313.

[69]　Tang L，Dang J，He M K，et al. Preparation and properties of cyanate-based wave-transparent laminated composites reinforced by dopamine/POSS functionalized Kevlar cloth. Composites Science and Technology，2019，169：120-126.

[70]　Zhang Z W，Tian D，Niu Z Q，et al. Enhanced toughness and lowered dielectric loss of reactive POSS modified bismaleimide resin as well as the silica fiber reinforced composites. Polymer Composites，2021，42（12）：6900-6911.

[71]　Zhang Z W，Zhou Y J，Yang Y，et al. Synthesis of tetra(epoxy)-terminated open-cage POSS and its particle

thermo-crosslinking with diphenols for fabricating high performance low-*k* composites adopted in electronic packaging. Composites Science and Technology，2023，231：109825.

[72]　Yu B，Yuen A C Y，Xu X，et al. Engineering MXene surface with POSS for reducing fire hazards of polystyrene with enhanced thermal stability. Journal of Hazardous Materials，2021，401：123342.

[73]　Qian M，Murray V J，Wei W，et al. Resistance of POSS polyimide blends to hyperthermal atomic oxygen attack. ACS Applied Materials & Interfaces，2016，8（49）：33982-33992.

[74]　Choi C，Kim Y，Sathish Kumar S K，et al. Enhanced resistance to atomic oxygen of OG POSS/epoxy nanocomposites. Composite Structures，2018，202：959-966.

[75]　Suliga A，Jakubczyk E M，Hamerton I，et al. Analysis of atomic oxygen and ultraviolet exposure effects on cycloaliphatic epoxy resins reinforced with octa-functional POSS. Acta Astronautica，2018，142：103-111.

[76]　Zhang Y，Xu H，Wang H，et al. Atomic oxygen resistance vitrimers with high strength，recyclability，and thermal stability. ACS Applied Polymer Materials，2022，4（7）：5152-5160.

[77]　Peng D，Qin W，Wu X. Improvement of the atomic oxygen resistance of carbon fiber-reinforced cyanate ester composites modified by POSS-graphene-TiO_2. Polymer Degradation and Stability，2016，133：211-218.

[78]　Shi M，Ao Y，Yu L，et al. Epoxy-POSS/silicone rubber nanocomposites with excellent thermal stability and radiation resistance. Chinese Chemical Letters，2022，33（7）：3534-3538.

[79]　Minton T K，Wright M E，Tomczak S J，et al. Atomic oxygen effects on POSS polyimides in low earth orbit. ACS Applied Materials & Interfaces，2012，4（2）：492-502.

[80]　Atar N，Grossman E，Gouzman I，et al. Atomic-oxygen-durable and electrically-conductive CNT-POSS-polyimide flexible films for space applications. ACS Applied Materials & Interfaces，2015，7（22）：12047-12056.

[81]　Kim Y，Choi J. Thermal ablation mechanism of polyimide reinforced with POSS under atomic oxygen bombardment. Applied Surface Science，2021，567：150578.

第 5 章   POSS 基功能材料

POSS 基材料具有可定制化的有机-无机杂化结构的独特优势，其杂化尺度可从分子层面扩展至纳米乃至亚微米级别。精确设计的合成和加工技术，不仅能够保证材料的高强度和高韧性，还能够激发其在光学、电学和磁学等方面的潜在功能，使之在新能源等前沿领域展现出巨大的应用潜力。例如，得益于 POSS 笼形结构的化学和热稳定性，POSS 基复合电解质隔膜可在较宽的温度和压力范围内保持良好的离子传导率与尺寸稳定性；利用 POSS 分子的表面物理化学性质可设计的优势，在外物理场等的作用下，可实现纳米尺度 POSS 基聚集体在离聚物中的有序分布并制备出复合质子交换膜，它在高温高湿度等工况下，能兼具良好的质子传导性与力学性能。POSS 在新能源领域的应用研究为促进杂化新材料在能源领域的拓展提供了理论与实践依据。

作为国家战略性新兴产业，锂离子电池、燃料电池等能源转化器件已广泛应用于国民领域的各个方面，新能源高分子材料的发展有助于推动绿色低碳国民经济的发展。高分子材料由于具有本征电子绝缘性、结构单元基团可设计性、聚集态结构的可调控性等特征，可作为多种能源转化器件的电解质的主要材料基体；与此同时，为了扩大能源转化器件的适用范围，如何适应不同的苛刻的工况条件如高低温、高压、高湿等，对高分子材料提出了增强其力学性能和尺寸稳定性，同时保证其高离子导通性的要求。

POSS 分子本身提供了较好的机械性能以及独特的高分子相容性，为 POSS 引入高分子提供了分子层面的理论支撑。POSS 作为一种结构可设计的功能型分子引入聚合物电解质，一方面可以发挥其无机纳米粒子的小尺寸效应；另一方面可作为聚合反应物调控聚合物链的近、远程分子结构，进而提升聚合物基体的机械性能，同时结构中存在的稳定的 Si—O 键可以提高聚合物热稳定性，提高电解质的离子电导率，降低聚合物电解质在严格工况下的溶胀性。

5.1   POSS 在锂离子电池电解质中的应用

随着新能源技术的广泛应用，现代交通全面电动化的发展趋势越发明朗。这对二次电池的能量密度、安全性和循环寿命提出了更高的要求，而现有的以液态电解质为主的锂离子电池无法同时满足高能量密度、安全、长循环的性能要求。传统的锂离子电池由正极、负极、液态电解质及隔膜材料构成。液态电解质容易发生泄漏等问题，造成锂离子电池使用寿命下降；并且在液态锂离子电池正常使用过程中，锂离子在电极/电解质界面不均匀沉积形成的锂枝晶穿透电解质膜，导致电池内短路，也会引发电池的一系列副反应，从而出现安全问题，因此发展具有较高能量密度和较长循环寿命的锂离子电池成为近年来的目标。固态电解质可以功能性替代液态电池中的隔膜和电解质部分，承担分隔正、负电极和传导锂离子的作用，其分为无机固态电解质、聚合物固态电解质和复合固态电解质。由于无机固态电解质易碎且造价较高，不适应现有商业锂离子电池制造工序，固态聚合物电解质（SPE）和复合固态电解质常被用作研究对象。虽然固态电解质在一定程度上增强了电解质体系的强度和阻燃性能，但也面临不同于传统锂离子电池的全新挑战：固态聚合物电解质主要通过聚合物链的链段运动实现锂离子的传输，但和采用高扩散速率的液体电解质相比，其离子电导率仍处于较低水平；同时电极和电解质之间的固固界面导致电池整体阻抗变强，造成了较差的界面相容性。此外，在实际使用的循环过程中常面对较大压强以及高温、低温等复杂工况，对固态电解质的机械强度、热和电化学稳定性提出了更高的要求，因此固态电解质需要解决室温离子电导率低、电极/电解质界面相容性差、机械性能仍待提高等问题。

　　POSS 的添加可以给 SPE 体系带来无机和有机掺杂的共同作用：首先，POSS无机纳米笼和较长的有机侧链提供了较大的空间位阻，增大电解质基体的自由体积，加快聚合物链段运动，促进离子传导进而提高离子电导率；其次，POSS同样发挥无机粒子的路易斯酸作用，进一步提高了电解质室温离子电导率；并且POSS中"有机相"的存在，避免了其他无机离子在电解质体系中的难溶性。得益于这些天然优点，添加 POSS 或 POSS 衍生物的电解质体系表现出优异的热和电化学性能，以及出色的充电/放电循环性能。

5.1.1　POSS 基固态聚合物电解质的结构与性能

　　常见 SPE 中离子的高迁移率往往导致了室温离子电导率的提升和机械性能的下降。POSS 作为一种有机-无机杂化分子，在为体系提供机械性能的同时，侧链对离子进行有效传导。机械强度的提高能够有效阻碍锂枝晶的生长，防止电池因为锂枝晶的过度生长造成的短路等安全问题。

　　POSS 可以作为聚合单体，通过分子结构设计共聚形成聚合物作为电解质基体，和锂盐及其他物质共混后制备 SPE。POSS 具有的特殊结构能提供更大的无定形区域，POSS 与连接的柔性链之间形成微相分离，这些特性有利于聚合物链段的迁移，降低聚合物的玻璃化转变温度，促进锂离子在电解质内部的传导，提高电解质的离子电导率和锂离子迁移数等电化学性能，从而有利于组装电池循环性能的提高。POSS 对固态聚合物电解质体系的有利性研究，为今后对锂离子电池固态聚合物电解质的研究奠定了基础。

POSS 及其衍生物的八个末端反应性基团可以形成具有可控结构的聚合物，如接枝聚合物、星形聚合物以及交联聚合物等。这些打破聚合物链规整度的拓扑结构可以降低功能聚合物的结晶性能，从而促进电解质分子链的链段运动，改善电解质膜的离子传输性能。图 5-1 展示了 POSS 作为共聚单体参与形成的聚合物拓扑结构类型以及每种类型常用的 POSS 基团和共聚单体种类。

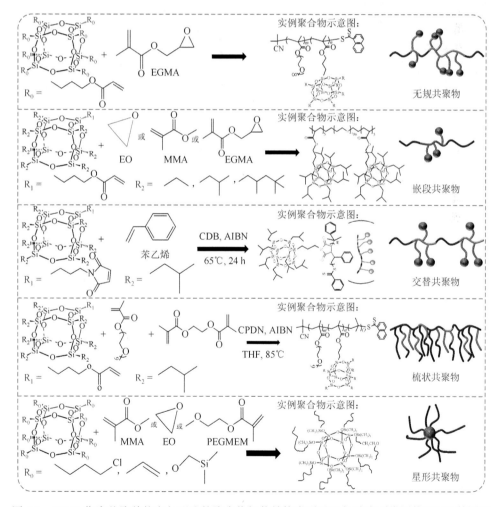

图 5-1　POSS 作为共聚单体参与形成的聚合物拓扑结构类型以及每种类型常用的 POSS 基团和共聚单体种类[1-17]

1. 线形聚合物电解质

刚性聚合物一般用作维持力学性能的材料，具有较大的空间位阻的单体，会导致链段运动困难，T_g 升高，成为离子传导的阻碍（非离子域）；而柔性聚合物一般作为离子传导材料，分子间和分子内作用力较弱，导致力学性能降低，缩小了聚合物材料的适用范围（离子域）。嵌段共聚物电解质（BCPE）由两个性质不同的聚合物块组成，经常由一种刚性聚合物单体和另一种柔性聚合物单体共聚而成，综合了刚性和柔性聚合物的特点，具有低 T_g、高链段运动和离子电导率以及增强的力学性能。热力学不相容为 BCPE 提供了一种离子域和非离子域的纳米相分离结构，离子域的聚集为电解质提供了更高的离子电导率，从而实现聚合物的高离子电导率和尺寸稳定性。但是嵌段共聚物对离子传输性能的提升机理暂时没有定论，如今理论研究更多从聚合物自由体积方面出发进行分析。Niitani 等[1]制备了 PEO-PS 的嵌段共聚物，刚性的 PS 主链提供聚合物的力学稳定性，同时利用柔性的 PEO 链段提供高离子传导性。

Ullah 等[2]通过引入甲基丙烯酰氧丙基 POSS（MA-POSS）合成了 PEG_{5k}-b-$P(MA\text{-}POSS)_7$（PEG_{5k} 为分子量为 5000 的聚乙二醇）二嵌段共聚物。通过聚合物的 SEM 测试发现 MA-POSS 的加入降低了 PEG_{5k} 的结晶度，且结晶度随着 POSS 含量的增加而降低[图 5-2（b_1）、（b_2）]。同时利用 SAXS 证明该嵌段共聚物能够经受宽温域的热处理而不发生相变，具有良好的温度稳定性，如图 5-2（c）所示。

因此，嵌段共聚物在 SPE 领域可以发挥降低聚合物结晶度及形成连贯离子域的作用，共同促进室温离子电导率的提升，且拓宽了 SPE 的适用温域，为 SPE 在严苛工况下使用提供了更多的聚合物设计思路。因此，Sethi 等[3]通过设计合成嵌段共聚物获得了同时含有离子传导结构域和刚性非导电结构域的固体电解质 PEO-b-POSS，该电解质的电导率和剪切模量显著高于同分子量全有机嵌段共聚物电解质。虽然添加少量 POSS 形成嵌段能够促进离子电导率升高且增强力学稳定性，但是 POSS 嵌段的体积分数需要严格把控。Patel 等[4]通过溶液浇铸的方法制备了两种具有不同分子量的 POSS-b-PEO 二嵌段共聚物，发现双三氟甲烷磺酰亚胺锂（LiTFSI）主要驻留在 PEO 域中，POSS 含量高的区域无法承担快速传递锂离子的作用，因此 POSS 含量过高的嵌段共聚物电解质电导率下降。在合成的分子量不同的两种聚合物中导电相的体积分数越大，离子电导率越大。在设计 POSS 和其他单体共聚物时，要注意 POSS 和单体比例，从而得到性能平衡的聚合物电解质。

POSS 的支链对聚合物结晶度和电导率也有影响，其中带惰性基团的支链不能用于聚合物的聚合组分，且活性基团要适应于该聚合体系，在相应聚合条件下引发聚合；其次支链长短也影响嵌段共聚物中柔性导电段的结晶性能。Gao 等[5]分析

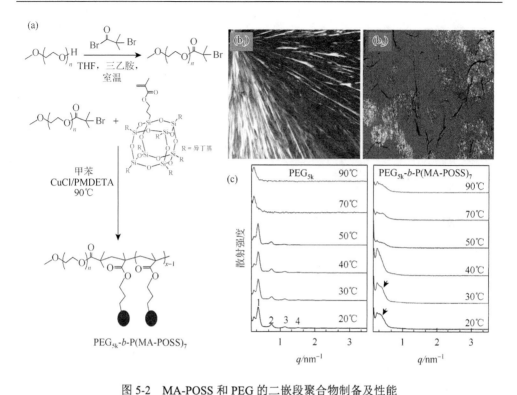

图 5-2　MA-POSS 和 PEG 的二嵌段聚合物制备及性能

（a）PEG$_{5k}$-b-P(MA-POSS)$_7$ 的制备；（b$_1$）PEG$_{5k}$，（b$_2$）二嵌段共聚物的结晶 SEM 图；（c）PEG$_{5k}$ 聚合物和
PEG$_{5k}$-b-P(MA-POSS)$_7$ 的 SAXS 测试[2]

了不同长度的支链对固态电解质离子电导率的影响，制备了三种 PEO 和 POSS 的嵌段共聚物（三种 POSS 侧臂上的取代基分别为乙基、异丁基和异辛基）。通过对聚合物微观结构进行观察发现无定形区域随着 POSS 烷基链取代基长度的增加而减小（异辛基样品中则没有无定形聚合物结构），且离子传导性随着烷基链取代基长度的增加而减弱。这一发现又一次充分证明了 SPE 离子电导率和聚合物结晶度密切相关，还发现 POSS 侧基取代基链越长，无定形区域面积占比越小，容易在聚合物内形成结晶区域，阻碍链段运动，抑制离子传导，导致离子电导率下降。这三种取代基中乙基显然是离子传输的最佳选择。因此，选择合适的 POSS 种类也是提升电化学性能以及机械性能的重要实验设计思路。

　　Kim 等[6]为了在保持聚合物为固态的同时形成有效的纳米级离子导电通道，采用 PEGMA（聚乙二醇甲基丙烯酸酯）和 MA-POSS 作为聚合单体，通过 RAFT 聚合制备了一系列有机/无机杂化嵌段共聚物和无规共聚物（图 5-3）。分析共聚物的形貌和 POSS 含量对聚合物电解质性能的影响。当该嵌段共聚物和无规共聚物中具有等量的 MA-POSS 含量时，离子传导段的 T_g 非常接近，但是嵌段共聚物的离子电导率却比无规共聚物高 1 个数量级，归因于形成离子传导通道的纳米相分离，非离子域随着 MA-POSS 含量的增加而增大，且发现加入 MA-POSS 共聚的电解质表现出比纯 PEGMA 更高的分解温度。嵌段共聚物电解质中 P(PEGMA)的结晶度随着 MA-POSS 含量的增加而降低。含有 31 mol% MA-POSS 的嵌段共聚物电解质的室温离子电导率（2.05×10^{-5} S/cm）比含有 29 mol% MA-POSS 的无规共聚物电解质的离子电导率（3×10^{-6} S/cm）高出约 1 个数量级。

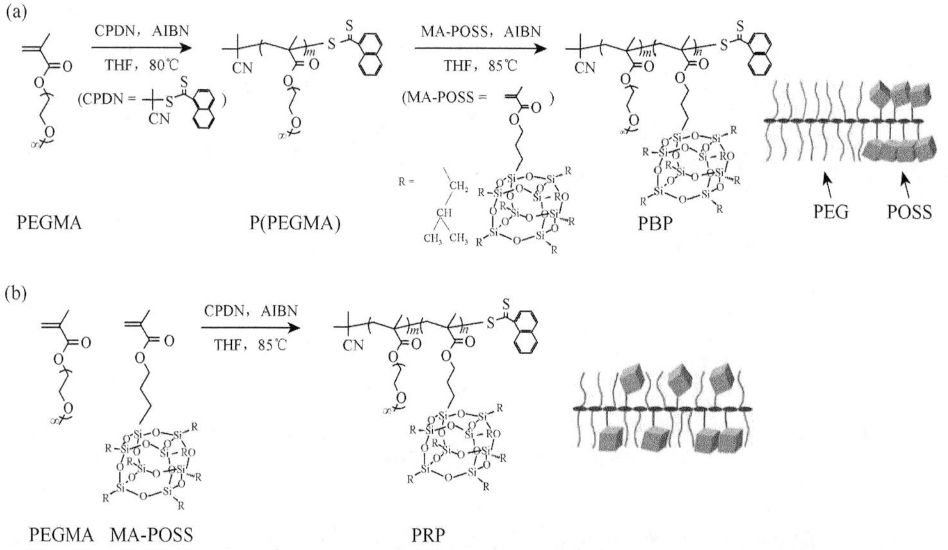

图 5-3　通过 RAFT 聚合制备一系列有机-无机杂化嵌段共聚物和无规共聚物

（a）P(PEGMA)-b-P(MA-POSS)（PBP）；（b）P(PEGMA-r-MA-POSS)（PRP）[6]

交替共聚物也是一种能够降低聚合物结晶性能的聚合物结构，但是相关研究较少。Zhang 等[7]利用马来酰亚胺异丁基 POSS（MI-POSS）通过 RAFT 反应直接合成了一种 PS-alt-P(MI-POSS)交替共聚物，如图 5-4 所示。发现 MI-POSS 分子可提高共聚物的热稳定性，且 MI-POSS 的质量分数越高，共聚物的 T_g 越低，有利于电解质离子电导率的提高。

聚合物侧链的基团组成和空间结构也会影响材料的性能，如带有醚键的侧链提供大量的 EO 单元以及柔性的链结构有利于促进离子传输，提高离子传导性能；带有低反应性的甲基侧链能够提高聚合物的化学稳定性，使其在严苛工况下能够稳定存在；侧链上的酯基会削弱锂离子和聚合物之间的配位等。通过将功能性侧链接枝在聚合物基体的骨架、末端甚至无机颗粒的表面，有利于提高 SPE 的性能。通过精确的化学结构设计，也可以将 POSS 引入聚合物链的侧链上，POSS 的独特结构可以为柔性聚合物链段运动提供额外的自由体积，且纳米颗粒/聚合物基体的界面由于空间位阻较大可以提供连续的离子传导通道。

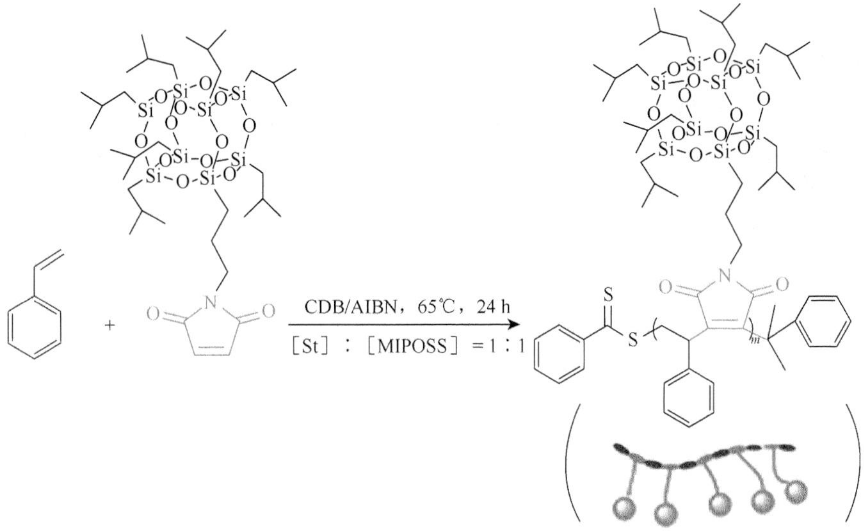

图 5-4　通过 RAFT 反应合成 PS-*alt*-P(MI-POSS)[7]

　　Zhu 等[8]在低分子量 PEO 链段上接枝 POSS 制备了一种聚合物电解质，简写为 POSS-PEO，POSS 在聚合物链段上的接枝可以有效抑制聚合物的结晶，形成更多的无定形区域。接枝体系对聚合结晶有更好的抑制作用，室温离子电导率达到 10^{-3} S/cm，高于未加 POSS 接枝的电解质。Cao 等[9]在 POSS 纳米粒子上接枝 PEO-COOH，制备了一种固态电解质 SSCP-Li，加入了 POSS 纳米粒子的 SSCP-Li 热稳定性得到了增强，在 300℃以下没有明显的质量损失。Gong 等[10]将 POSS 与丙烯腈（PAN）接枝共聚制备 PAN-POSS，然后与聚偏二氟乙烯（PVDF）共混后得到多孔膜。再将离子液体与锂盐通入多孔膜中制备凝胶电解质。随着 PAN-POSS 含量的增加，电解质孔隙率和吸收率均增加。具有更致密多孔结构的 15 wt% PAN-POSS/PVDF 凝胶聚合物电解质（GPE，固态聚合物电解质的一种，为半固态）具有 1.91×10^{-3} S/cm 的室温离子电导率，电化学稳定窗口[电化学稳定窗口是通过组装 Li‖SPE‖SS（钢片）利用线性扫描法测试的，该电压可以表示该电解质可以承受的最高电压，有利于判断该电解质能否在高压下进行循环]达到 4.6 V。
　　支化聚合物是一类典型的侧基反应型聚合物，其结构和接枝聚合物类似，

图 5-5 展示了可用于 SPE 中的支化聚合物结构。相同分子量的支化聚合物（BCP）的分子链比线形聚合物短，易形成更多的自由体积和更大的空间位阻，分子链更难折叠成有序的结构，甚至聚合物的结晶可以被足够的分支完全限制，导致纯粹的无定形状态。这样的无序状态有利于链段运动，发生更多的锂离子迁移，从而提高离子电导率。支化聚合物具有许多链端，可以通过取代端基的功能化（如作为交联活性位点，引入极性基团等）为聚合物体系提供更多的功效，如添加氰基增加体系阻燃性，或者引入反应活性位点等。POSS 作为一种典型的带有侧链的笼形结构，可以通过侧链设计，增加可反应基团，使其可用于形成支化聚合物的核心或是侧链单元。

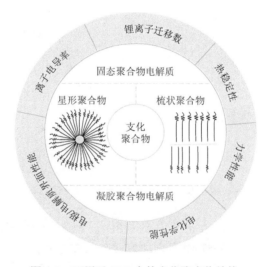

图 5-5　可用于 SPE 中的支化聚合物结构

　　Shim 等[11]考虑到 MA-POSS 分子本身具有刚性，可以提高体系的热稳定性，而支化结构使聚合物具有更大的链流动性，促使离子传导段的 T_g 较低，比线形聚合物具有更高的离子电导率。因此，通过 RAFT 方法合成了一系列由 PEGMA、MA-POSS 和乙二醇二甲基丙烯酸酯（EGDMA）组成的支化聚合物和线形接枝聚合物（LCP）（图 5-6），含 21 mol% MA-POSS 的 BCP 电解质在 60℃时的最大离子电导率为 1.6×10^{-4} S/cm，而含 21 mol% MA-POSS 的 LCP 电解质在 60℃时的最大离子电导率为 5.6×10^{-5} S/cm。

　　星形聚合物（SP）存在较大的体积位阻，且有不同的分支点，可破坏聚合物结晶，增加链段运动的自由体积，导致离子电导率的大幅提升，因此是支化聚合物中常被应用于聚合物电解质的一种拓扑结构。POSS 作为一种侧链可设计的

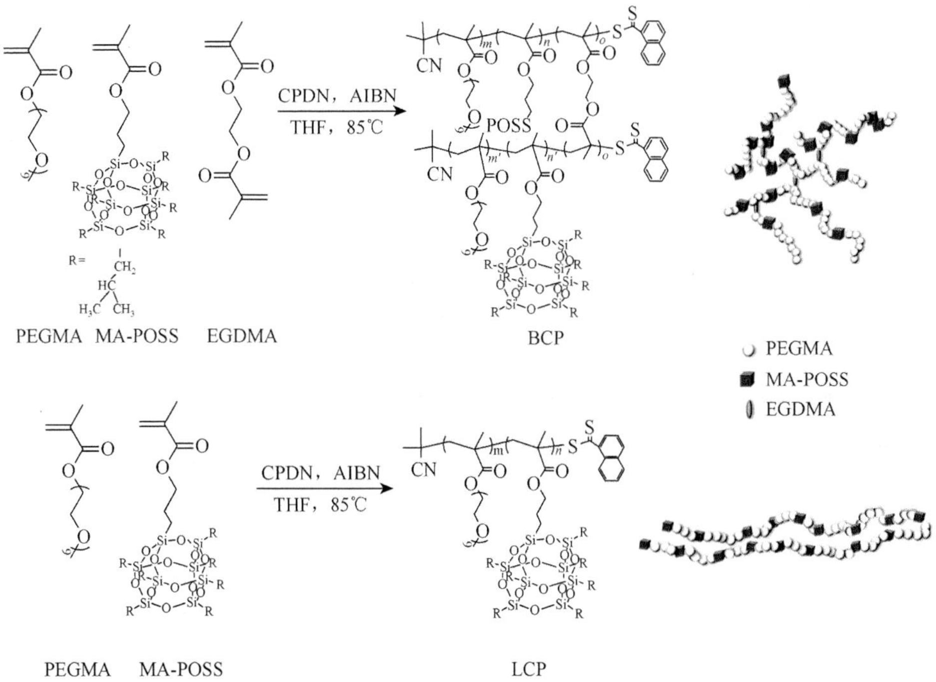

图 5-6　一种用于锂离子电池电解质的梳状结构聚合物的合成过程[11]

分子通常被用来研究设计星形聚合物电解质。POSS 的外层球臂增强了离子迁移率和离子传导性，核心与臂之间的共价键连接增强了外部环境的稳定性。此外，星形聚合物促进锂盐解离，并可引入一些刚性聚合物框架以实现机械稳定性提升，在增强离子电导率的基础上，增强了固态电解质的机械性能，有利于抑制锂枝晶的生成。

马晓燕等通过 ATRP 方法合成了不同分子量的星形 POSS-聚甲基丙烯酸甲酯 [POSS-(PMMA$_n$)$_8$][12]。通过静电纺丝法合成了不同结构的 POSS-(PMMA$_n$)$_8$ 复合膜，该复合膜的孔隙率、拉伸强度和断裂伸长率分别达到 60%、4.94 MPa 和 52.17%。通过将复合膜浸泡在 1 mol/L 的六氟磷酸锂（LiPF$_6$）的 EC/EMC/DEC 混合溶液（EC 为碳酸乙烯酯，EMC 为碳酸甲乙酯，DEC 为碳酸二乙酯）中，制备了凝胶聚合物电解质。POSS-(PMMA$_n$)$_8$ 颗粒可提高电解质的热稳定性，该电解质室温下离子电导率为 4.85×10^{-3} S/cm，电化学稳定窗口可达 6.0 V，与锂电极的界面阻抗为 256.15 Ω。

Zhang 等[13]用星形 POSS-PEO 和线形 PEO 分别作为聚合物基体与高氯酸锂（LiClO$_4$）混合制备了不同盐浓度（O 和 Li 浓度比 = 8∶1、12∶1 和 16∶1）的 SPE。在所有 O/Li 下，POSS-PEO/LiClO$_4$ 都是无定形的，而 PEO 仅在 O/Li = 8∶1 下是

无定形的，在 O/Li = 12 : 1 和 16 : 1 下是半结晶的。因此，利用 POSS 作为核心形成的星形聚合物可以极大降低聚合物电解质的结晶度，进而对电导率进行研究。Maitra 等[14]以八官能度八烷基二甲基硅氧烷（Q_8M_8H）与 PEO 共聚形成了 PEO-POSS。使用该星形聚合物与 LiClO$_4$ 共混，制备的电解质具有较好的温度稳定性（$-20\sim375$℃），室温下离子电导率为 10^{-4} S/cm 数量级，远超纯 PEO 基电解质的离子电导率（10^{-5} S/cm）。

　　Zhang 等[15]通过如图 5-7 所示的步骤利用辛钒基辛基硅氧烷（OV-POSS）和聚乙二醇甲醚甲基丙烯酸酯（PEGMEM）制备了一种星形聚合物电解质，同时制备了基于这两种单体的线形共聚物作为对照组。发现含有 5.1 mol% OV-POSS 的星形聚合物电解质具有最高的室温离子电导率（1.13×10^{-4} S/cm）和最高的锂离子迁移数（0.35），约为含有相同 POSS 线形电解质的两倍。此外，使用这种星形聚合物电解质组装的磷酸铁锂（LiFePO$_4$，LFP）电池在 25℃下电流密度为 0.5 C

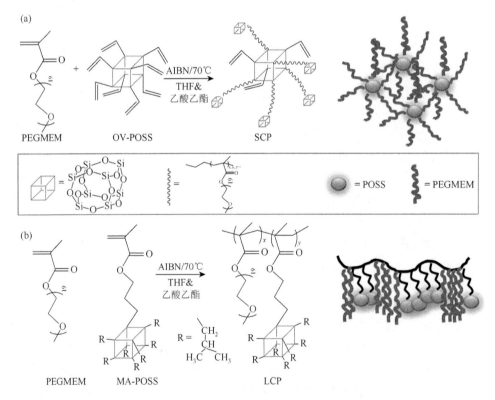

图 5-7　适用于锂离子电池 SPE 的不同拓扑结构聚合物合成步骤

（a）星形固态聚合物电解质合成步骤；（b）线形固态聚合物电解质的形成[15]

时，放电比容量达到 137.1 mAh/g[循环性能是锂电池的一个重要性能，利用不同的电极活性物质，如 LFP、三元镍钴锰（NCM）电极、钴酸锂（LCO）等电极，测试电池在不同电压电流条件下的循环性能，循环次数越多，充放电比容量越高，库仑效率越接近 100%，电池循环性能越好]。Zhang 等[16]利用 OV-POSS 诱导形成星形结构有利于形成连续的离子导电通道，该电解质同样具有较好的电池循环稳定性。

梳状聚合物是一种结构特殊的支化聚合物，聚合物主链通常具有线形结构，侧链沿主链晃动。梳状拓扑结构在一定程度上限制了聚合物的结晶，且由于 POSS 结构存在空间位阻较大的硅氧笼形结构，一定程度上共同抑制了侧链的结晶，有利于聚合物链段的迁移。Ryu 等[17]使用 POSS 和 PEO 作为聚合单体合成了一种具有梳状结构的聚合物。随着 POSS 基团在该聚合物中含量的增加，聚合物的 T_g、分解温度升高，而相对结晶度（χ_c）降低，有利于离子电导率的提升。

2. 交联结构聚合物电解质

POSS 侧链上的功能反应基团可以与聚合物基体中的反应官能团相互作用，独特的结构有利于构建三维网络，其内部无机硅氧核促进锂离子传导，进而控制 POSS 在基体聚合物中的分布以及尺寸，现已研究的 POSS 种类以及共聚单体如图 5-8 所示。双键[甲基丙烯酰胺 POSS（POSS-MAAM）]-双键(聚砜-二甲基丙烯酸酯)（PSU-DMA）[18]、环氧基团[环氧 POSS（OG-POSS）]-氨基交联剂/磺化聚醚醚酮[19]、环氧基团(环氧 POSS)-苯并咪唑[20]通过化学反应可形成稳定的交联结构。Zhang 等[15]将 OV-POSS 和 PEGMEM 热引发交联反应，制备了可应用于锂离子电池的复合固态电解质。POSS 的加入不仅形成了一些自由空间，而且其无机纳米填料的性质也起到了一定的作用，使电解质的机械和热性能得到了一定的提高。Devaux 等[21]使用全氟聚醚（PFPE）和 POSS 合成了固体氟化电解质，发现 POSS 颗粒可能在离子传输中发挥重要作用。丙烯酸酯官能化 POSS 和 LiTFSI 的混合物表现出显著的导电性：离子电导率可高达 10^{-4} S/cm 数量级。

Liu 等[22]将 POSS 和甲基丙烯酸甲酯（MMA）单体共聚制备聚合物 P(MMA-POSS)，POSS 为该聚合物提供了优异的力学性能，增加了分子链的自由体积，从而提升体系的离子传输性能。P(MMA-POSS)膜具有明显的孔隙结构，聚合过程中一定程度 POSS 浓度的增加会导致吸液率提高，其中含 10 wt% POSS 的 P(MMA-POSS) 膜具有最高的吸液率（275 wt%）。与未引入 POSS 的纯 PMMA 的 GPE 相比，P(MMA-POSS)具有优异的电化学性能：室温下离子电导率高达 3.41×10^{-3} S/cm，电化学稳定窗口达 5.01 V，在 0.2 C 时的充放电比容量也高达 151.9 mAh/g。因此，POSS 和共聚单体的配合有效地提高了基于纯 PMMA 的电解质的性能。

Zhang 等[23]以八乙烯基 POSS（OV-POSS）为聚合物链段的连接提供交联位点，并提高机械强度。独特的交联结构为 EO 链的运动提供了额外的自由体积，并沿纳米颗粒/聚合物基质界面提供了快速且连续的离子传导通道。该电解质在 80℃下表现出 1.39×10^{-3} S/cm 的离子电导率，LiFePO$_4$/Li 电池初始放电比容量为 152.1 mAh/g，0.5 C 下循环 150 次后容量保持率为 88%。

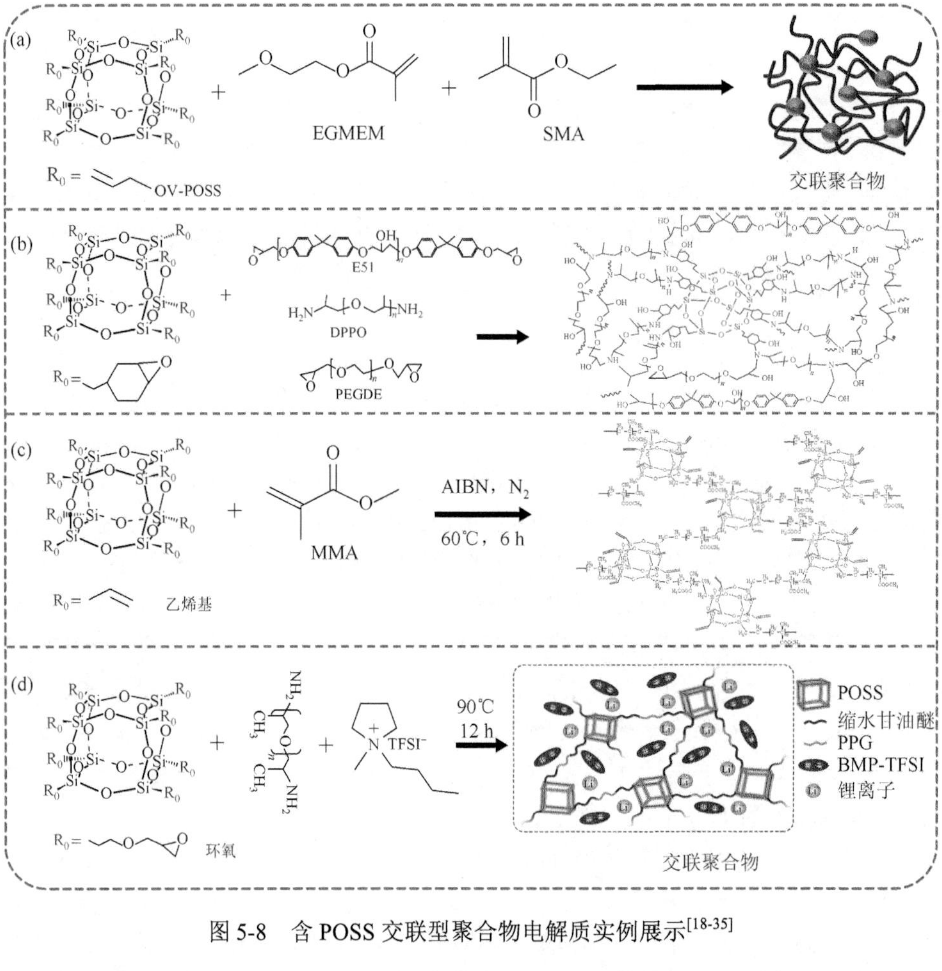

图 5-8　含 POSS 交联型聚合物电解质实例展示[18-35]

Fu 等采用紫外热双固化工艺，在季戊四醇四巯基乙酸酯（PETMP）作为交联剂和聚偏氟乙烯-三氟乙烯-2-丙烯酰化聚己内酯（PVDF-HFP）作为基体材料的条件下[24]，通过耦合新型双烯丙基丙二酸锂（LiBAMB）、聚乙二醇二丙烯酸酯（PEGDA）和 MA-POSS，构建了一种新型三维交联杂化硼酸单离子导体聚合物电解质（POSS-BSICP），如图 5-9 所示。混合电解质膜的锂离子迁移数和电化学稳定性随着 MA-POSS 的加入而得到改善。锂离子迁移数最高为 0.82，电化学稳定窗口达到 5.50V。使用该电解质组装的 Li‖SPE‖Li 电池可以在 0.1 mA/cm^2 下进行 2700 h 的剥离/电镀循环而不会短路。

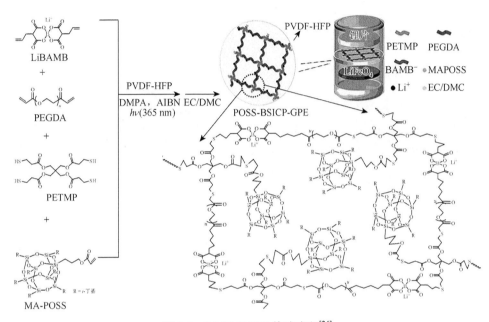

图 5-9　POSS-BSICP 构建流程[24]

Lu 等[25]选择含有丰富 EO 单元的多功能环氧 POSS 和氨基单体构建电解质基体，环氧基团的开环聚合不仅可以加速离子传输，还可以防止产生引发剂或其他小分子副产物。随着 POSS 的引入，电解质膜的电化学性能显著提高，含有 POSS 的 3D-GPE 的室温离子电导率高达 $2.35×10^{-3}$ S/cm，是没有 POSS 的 GPE 的近两倍。含有 POSS 的 3D-GPE 的电化学稳定窗口增大，约为 5.25 V。该电解质组装的 LiFePO$_4$ 电池在室温下的放电比容量为 148 mAh/g。Na 等[26]利用环氧官能化 POSS、胺封端聚丙二醇和离子液体组成了一种聚合物电解质，该电解质的热稳定性达 300℃，电化学稳定窗口达 5 V，30℃时的离子电导率为 $7.01×10^{-4}$ S/cm。Pan 等[27]也选择环氧 POSS 作为交联剂和 PEG 共聚形成交联结构的聚合物电解质，如图 5-10 所示。该电解质具有高室温离子电导率（≈$1×10^{-4}$ S/cm），且在 105℃下仍保持高储能模量（33.6 MPa）。

Ullah 等[28]制备了一种基于聚硫脲-环氧乙烷[P(TU-EO)]的 SPE，如图 5-11 所示。以二硫键为交联剂通过硫醇基团的自由基偶联反应对多段共聚物进行聚合，为了

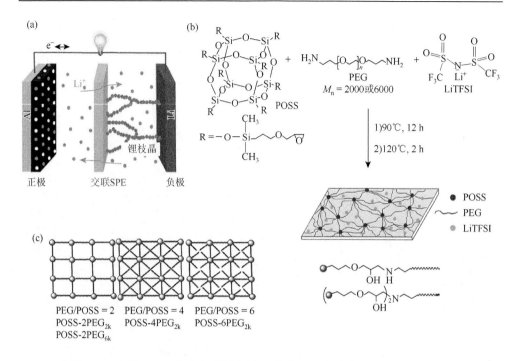

图 5-10　环氧 POSS 作为交联剂和 PEG 共聚形成交联结构的聚合物电解质

（a）电池结构示意图；（b）交联聚合物制备过程；（c）网络的理想构型[27]

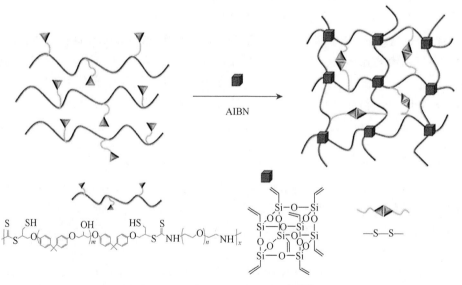

图 5-11　基于 P(TU-EO)的 SPE[28]

加强网络结构强度，引入了 OV-POSS，通过 P(TU-EO)的硫醇基团和 POSS 大分子的乙烯基之间的硫醇-烯加成反应产生额外的交联，交联密度随着 POSS 加入量的增加而增加，且使用 POSS 可进一步调整交联密度，SPE 显示出更好的机械性能，离子电导率可达到 2.1×10^{-5} S/cm。

Lee 等[29]以 POSS 为交联剂，通过自由基聚合制备了 SPE。该电解质室温离子电导率为 5.3×10^{-4} S/cm，并具有达 5.3 V 的电化学稳定窗口，有利于电解质在高压电极下的稳定循环。利用该电解质组装的 $LiCoO_2$ 电池可以循环 80 次。

Song 等[30]采用原位聚合法获得 PAA/A-POSS 纺丝液，随后使用静电纺丝法制备 PAA/A-POSS 纤维膜（PAA 为聚丙烯酸），再将 PAA/A-POSS 纤维膜加热环化成 PI/A-POSS 复合膜，性能如图 5-12 所示。与纯 PI 膜相比，PI/A-POSS 复合膜具有更好的力学性能、更窄的孔径分布、更小的平均孔径和更好的热稳定性。当 POSS 含量为 3 wt%时，复合膜具有高离子电导率（2.617×10^{-3} S/cm）、低界面电阻（17.65 Ω）和高电化学稳定窗口（5.21 V），使用复合膜组装的电池首次放电比容量

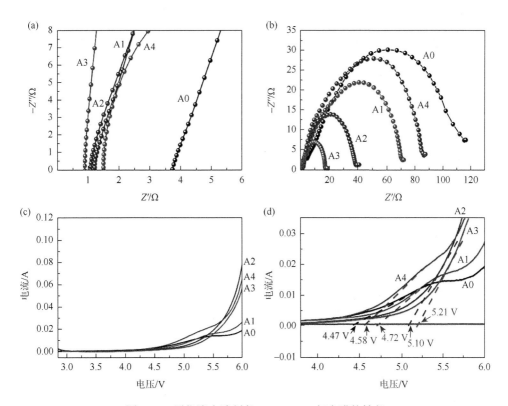

图 5-12　原位聚合法制备 PI/A-POSS 复合膜的性能

（a）复合膜阻抗放大图；（b）阻抗；（c）电化学稳定窗口；（d）电化学稳定窗口放大图[30]

为137.8 mAh/g，在2 C下循环100圈后的容量保持率为76.49%。Zhou等[31]以PEGDA为交联剂，设计了一种带有POSS的交联结构电解质，有交联结构的电解质与无交联结构的电解质相比具有更高的机械强度和电化学稳定性，60℃的离子电导率为3.83×10^{-4} S/cm，电化学稳定窗口为5.3V，组装的LFP电池在60℃的首次放电比容量为150 mAh/g，高于由无交联结构的电解质组装的电池。

Cai等采用聚(ε-己内酯)(PCL)和硫醇封端的POSS(POSS-SH)制备了具有高机械强度的新型杂化三嵌段聚合物电解质(HTPE)[32]。在高达283℃的温度下表现出良好的热稳定性，聚合物基体分解率为5%，拉伸强度为9.57 MPa，锂离子迁移数为0.61。

POSS和离子液体共同作用形成交联聚合物用作电解质的性能也得到了广泛研究。Chen等[33]将离子液体限制在POSS中和PEGDA交联制备了一种聚合物电解质POSS-CPIL-n（图5-13），具有优异的阻燃性和显著的柔韧性。POSS-CPIL-n

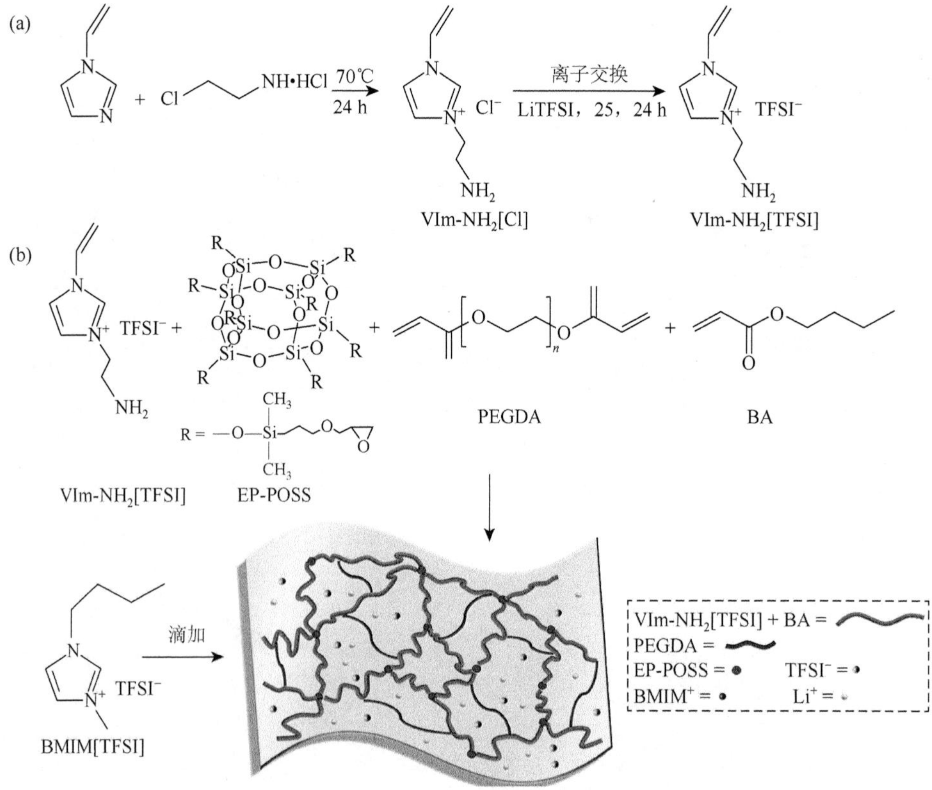

图5-13　一种基于离子液体、POSS和PEGDA的用于锂电池的聚合物电解质

（a）离子液体制备；（b）交联离子液体基固态电解质制备[33]

拉伸强度为 2.5 MPa，且该电解质有利于锂盐的高解离，所以离子电导率也较高（室温下为 2.5×10^{-3} S/cm），锂离子迁移数为 0.51。使用该电解质组装的 LiFePO₄ 电池初始比容量高达 165.3 mAh/g。

Yang 等[34]将 POSS 与咪唑基离子液体接枝的 POSS 交联制备了一种电解质，该电解质的网络结构具有无定形特性和较低的玻璃化转变温度，在 30℃下的离子电导率为 1.4×10^{-4} S/cm，且在 0.1 C 下的 LiFePO₄ 电池比容量为 142 mAh/g。Li 等[35]以环氧环己基乙基 POSS（O-POSS）和丁二烯-丙烯腈共聚物为电解质聚合物基体，并引入一种离子液体和 LiClO₄ 制备了一种新型 GPE。离子液体与 LiClO₄ 的相互作用有助于溶解锂盐并增加锂离子的数量，离子电导率随着离子液体含量的增加而增加；POSS 含量越低，离子电导率越高，但相对的凝胶含量和模量越低，会导致较差的机械性能。因此，在将 POSS 和离子液体相结合作为聚合物电解质组成部分时，要调控 POSS 和离子液体的比例，达到离子电导率和机械性能的平衡。该电解质最大室温离子电导率为 2×10^{-4} S/cm，并可以在 4.0 V 下稳定运行。

5.1.2　掺杂型 POSS 在锂离子电池固态电解质中的应用

将 POSS 作为无机粒子引入聚合物固态电解质体系中，形成复合固态电解质，可以发挥其无机粒子的路易斯酸作用从而提高电解质室温离子电导率；并且由于聚合物侧链的存在，避免了其他无机离子在电解质体系中的难溶性；同时，通过精确设计笼形倍半硅氧烷的取代基团，可以有效地提升其在聚合物基体中的分散性，避免高表面能导致无机纳米粒子在聚合物中引发的团聚；通过在侧链上引入惰性分子链，或将 POSS 和离子液体结合，设计新型分子，从而提高电解质的性能。

1. POSS 直接掺杂入固态电解质体系

马晓燕等为了提高电解质的热稳定性和力学性能[36]，通过静电纺丝法制备了八氯丙基 POSS(OCP-POSS)/PVDF 多孔网络的凝胶电解质。发现该电解质具有均匀的结构，这是因为 OCP-POSS 的 Si 顶角连接的有机官能团能与 PVDF 有效地相容，且 POSS 稳定的笼状结构增强了电解质的力学性能，随着 OCP-POSS 含量的增加，电解质尺寸稳定性（聚合物电解质的尺寸稳定性是通过电解质在高温环境中的尺寸变化判断的）提高，当 POSS 含量达到 10%的时候，力学性能最佳，电解质的热稳定性也得到了提高。马晓燕等为了进一步研究 POSS 对不同聚合物基体的性能提升[37]，利用静电纺丝法制备了基于 OCP-POSS 改性 PVDF/PAN/PMMA

纤维膜的 GPE，性能如图 5-14 所示。10 wt% OCP-POSS 的纺丝纤维膜具有较高的电解液吸收率（660%）。室温下，相应 GPE 的离子电导率为 9.23×10^{-3} S/cm，电化学稳定窗口高达 5.82 V；10 wt% OCP-POSS 改性 GPE 的界面电阻在 168 h 后比纯 PVDF/PAN/PMMA GPE 降低了 42%。

　　Fu 等[38]用氨基丙烷-POSS 合成了一种咪唑基 POSS 离子液体 POSS-IL，并将其掺入 PVDF-HFP 和 PEO 基体中，POSS-IL 的添加可使 22℃离子电导率提高至 3.9×10^{-4} S/cm。且基于 POSS-IL 的 SPE 的电化学稳定窗口高达 5.0 V。

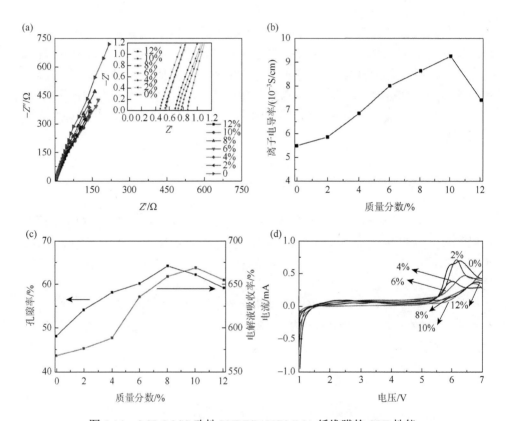

图 5-14　OCP-POSS 改性 PVDF/PAN/PMMA 纤维膜的 GPE 性能

（a）EIS 阻抗测试；（b）不同质量分数的电解质离子电导率；（c）不同质量分数纤维膜的孔隙率及电解液吸收率；（d）凝胶电解质电化学稳定窗口[37]

2. POSS 为接枝位点合成聚合物掺入固态电解质体系

　　POSS 侧链具有较强的可设计性，因此可在 POSS 侧链上接枝聚合物，并通过掺杂引入电解质聚合物基体中。不同聚合物侧链的存在，可以增强聚合物改性

POSS 与聚合物基体的相容性,并且为电解质体系增加导电功能基团,并且聚合物改性 POSS 具有较大的体积位阻,可以有效降低聚合物结晶度,增大聚合物链间的自由体积,从而促进聚合物链段运动,提高锂离子传输效率,进而增大室温离子电导率,且聚合物电解质在高温环境下,容易发生收缩、熔化等现象,进而导致电池正负极接触,从而引发短路等安全事故。而聚合物改性的 POSS 加入聚合物基体中,作为一种无机粒子使用,可以提高聚合物电解质的机械性能,适用于锂离子电池的特殊工况。

马晓燕等研究了 3 种不同臂聚合度的星形聚合物 POSS-(PMMA)$_8$ 改性的 PMMA 基复合凝胶聚合物电解质性能[39],发现含有空间纳米尺度 POSS 核的星形凝胶聚合物电解质的离子传输性能均优于纯 PMMA 基凝胶聚合物电解质,其中星形聚合物臂聚合度最小的 POSS-(PMMA$_3$)$_8$ 复合的凝胶聚合物电解质导电性最好,比纯 PMMA 基凝胶聚合物电解质电导率提高了 360%;当锂盐浓度在凝胶体系中为 0.6 mol/L,POSS-(PMMA$_3$)$_8$ 的含量达到聚合物基体的 15 wt%时,其离子电导率最大,为 2.7×10^{-4} S/cm。

对含有可设计基团的 POSS 进行聚合改性,不仅能够丰富 POSS 的种类,而且将制备好的聚合物掺杂入固态电解质体系也能够发挥其优异的性能,进一步提高固态电解质的电化学性能以及物理性能。马晓燕等为了进一步增强 POSS 侧链柔韧性[40],增加聚合物自由体积,从而降低结晶度,提高室温离子电导率,通过 ATRP 的合成方法在 OCP-POSS 的八个臂上接枝了 PEGMEM,再与 PEO 共混,独特的星形结构有助于通过降低 PEO 聚合物的结晶度和增强分子链段运动来形成更多的离子传递通道,从而获得更高的离子电导率。研究结果发现添加 POSS-(PPEGMEM)$_8$ 后电解质的结晶度降低,添加 50 wt% POSS-(PPEGMEM)$_8$ 的电解质结晶度为 33.46%,而纯 PEO 电解质结晶度为 65.27%;且添加 40% POSS-(PPEGMEM)$_8$ 电解质室温离子电导率最高,为 1.4×10^{-4} S/cm。随后,马晓燕等为了进一步增强其对不同聚合物的相容性[41],同时考虑到 Si—O 笼芯聚合物可以有效提高聚合物的熔点并阻碍分子链的排列,继续使用 POSS 作为改性位点制备聚合物功能化星形聚合物,并作为聚合物基体使用。该基体不仅可以提供柔性链段形成的离子传输区域,POSS 无机纳米笼也有利于增大体系自由体积,提高机械性能的同时促进离子传导,此外,特殊的星形聚合物作为电解质基质可以提供较多的无定形分子链来加速 Li$^+$的传输,也有利于离子电导率的提高。因此,他们在 POSS 侧壁上接枝 PEG 分子链,合成了一种新型 POSS:POSS-(PEG$_w$)$_8$,并使用 PEO 作为聚合物基体共混形成了复合电解质,发现 POSS 杂化聚合物比线形聚合物具有更高的熔点和更低的结晶度,可应用于更严苛的工况条件。

Polu 等[42]也设计了一种能够促进自由离子的转移,并在 PEO 基质中发挥核心作用的 POSS 接枝改性的分子 POSS-PEG，然后通过溶液浇铸法进行掺杂，制备了 PEO/LiDFOB/POSS-PEG（LiDFOB 为二氟草酸硼酸锂）共混复合固态电解质。该分子的加入能增强聚合物的链段运动，从而提高电解质的离子传输性能。添加 POSS-PEG 后，纳米粒子与聚合物一起形成刚性网络；同时，POSS 笼中存在的 Si—O—Si 键有助于提高材料的力学性能，与纯 PEO 膜（0.076 MPa）相比，当 POSS-PEG 添加量为 40 wt%时，复合膜的断裂强度增加 23%，断裂伸长率达到 516%。

Mei 等[43]通过环氧环己基乙基 POSS（O-POSS）的环氧基团与 mPEG-COOH 的羧基反应制备了 POSS-mPEG 接枝聚合物，然后将合成的 POSS-mPEG 作为填料与锂盐掺杂到聚合物基质中。POSS-mPEG 接枝体中醚键的存在有利于 LiClO$_4$ 的溶解，且具有较大的体积位阻，增加了复合聚合物电解质的链间间距、自由体积，促进了链段移动，同时 POSS-mPEG 含量增加可使复合 SPE 薄膜的 T_g 大幅度降低，室温下的最大离子电导率为 2.57×10^{-5} S/cm。

POSS 纳米笼可能会增加与基质界面的自由体积，从而在电解质中产生活化能较低的更有效的离子传导通道。因此，离子传导不仅通过主基质中的聚合物链段跳跃发生，还通过沿着聚合物和 POSS 之间的界面形成的导电通道更有效地发生，从而进一步提高了离子传导性。此外，POSS"笼子"上的孔可以增加电极之间的锂离子转移，最大限度地阻止浓度极化，控制平衡电势，有利于电池长时间稳定循环。Khizar 等[44]制备了以 PEO 为基体，以 GO 和 PEG、MA-POSS 接枝嵌段合成的 GO-g-PEG$_{6k}$-b-P(MA-POSS)为纳米填料的复合电解质 NSPE（图 5-15），和 GO-g-PEG$_{6k}$ 作为 PEO 基体的纳米填料的电解质进行性能对比，发现加入刷状 GO-g-PEG$_{6k}$-b-P(MA-POSS)作为纳米填料，填料含量为 1.0 wt%时，50℃下的离子电导率为 3.0×10^{-4} S/cm（GO-g-PEG$_{6k}$ 50℃下离子电导率为 1.23×10^{-5} S/cm），相较于没有添加聚合物改性 POSS 作为填料的电解质的离子电导率提升了 233.9%。

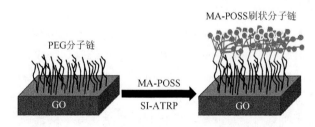

图 5-15　GO-g-PEG$_{6k}$-b-P(MA-POSS)为纳米填料的复合电解质 NSPE[44]

Kim 等[45]通过 ATRP 合成了一系列具有不同嵌段比的星形聚合物 P(PEGMA-r-MAPOSS)$_8$，加入 LiTFSI 和 PEG 制备复合电解质。该电解质具有足够的尺寸稳定性、高离子迁移率和很高的离子电导率（30℃下为 4.5×10^{-5} S/cm）比基体聚合物电解质的离子电导率高三倍。

为进一步提高固态电解质的热稳定性，可将 POSS 和离子液体结合。POSS-离子液体的热稳定性因 POSS 部分的引入而显著增强。Fu 等[46]合成了一系列新型室温咪唑基 POSS 离子液体（POSS-IL），并将其作为固体聚合物电解质的增塑剂来提高电解质的离子电导率，与相应的丁二酸离子液体相比，POSS 离子液体的初始分解温度至少提高了 94℃。

5.2 POSS 在燃料电池质子交换膜中的应用

离子型聚合物又称为离聚物，是质子交换膜燃料电池（PEMFC）和质子交换膜电解水器件（PEMWE）中膜电极（MEA）的重要组成部分。离聚物不仅作为将质子和水从阳极转移到阴极的质子交换膜，还在催化剂层中起黏合剂、气体输送和质子传递的作用。由于高分子链上离子基团的引入，离聚物在不同溶液条件下的分散和聚集特性会直接影响其固态（成膜或黏结剂层）时的微观结构即离子相簇的尺度和连通程度，进而对 MEA 的电性能和耐久性的提升起到关键的影响。在高温质子交换膜燃料电池（HT-PEMFC）及 PEMWE 的应用中，质子交换膜常处于高温高湿的工况下，高水合状态的离聚物表现出高质子传导率，但吸水后质子交换膜（PEM）面临过度溶胀破坏的风险，导致器件性能的急剧降低甚至失效，即质子传导率和溶胀率之间的 "trade-off"（权衡）效应[47-49]。为了改善 PEM 的性能，研究者提出了制备多相杂化 PEM 的方法来同时实现高质子传导率和高力学稳定性的目标。研究发现使用有机-无机杂化的方法改性离聚物基体，制备工艺简单，且可以兼具多种材料的优点，达到 "1＋1＞2" 的协同效果，因此采用有机-无机杂化的方法制备质子交换膜是现在应用最广泛的手段。

在有机-无机纳米复合膜的研究中发现，两相之间的界面性能和无机填料在基体中的分布状态是影响性能的最关键的两个因素。界面性能对力学性能和膜的耐久性具有重要的影响；有机-无机材料界面结合力差也会影响力学性能，长时间使用过程中会出现严重的老化现象。而填料的分布问题与材料的稳定性和 PEM 的质子传导性能及微观环境紧密相关。因此，对两相界面的改善是提高有机-无机杂化质子交换膜性能的重要挑战。POSS 作为一种带有可修饰侧基的无机纳米填料，可以通过设计侧链上的官能团以及有机侧链的长度等方法解决与有机基底之间的界面问题，用于改性 PEM。

POSS 能提供有效的化学稳定性，其顶点被八个活性基团或者惰性基团包围，具有极强的可设计性，通过共价或非共价的方式对其官能团合理修饰，相对于由于高表面能导致无机纳米粒子在聚合物中引发的团聚，通过精确设计笼形倍半硅氧烷的取代基团，能够显著改善 POSS 在有机体系中分散性和两相界面的相容性等问题。POSS/离聚物复合膜的不同聚集态结构对其性能（质子传导性、溶胀率、吸水率等）有不同的影响，因此合理设计 POSS/离聚物复合膜的聚集态结构至关重要[50]。常见的 POSS 在离聚物中的引入的方式主要有以下几种：化学键合和物理键合，前者根据 POSS 在离聚物主链中的位置可以分为将 POSS 引入离聚物主链和 POSS 作为交联点与离聚物交联两种，后者主要是 POSS 与离聚物共混或者是在基体中原位聚合等。

1. POSS 引入离聚物主链

由于 POSS 具有可反应的特点，以 POSS 为反应核心，通过不同类型的活性聚合技术，包括 ATRP、RAFT 等反应，可以制备含有离聚物的 POSS 聚合物，这种 POSS 聚合物基复合 PEM 不仅可以解决 POSS 在聚合物中的分散问题，而且合成的 POSS 嵌段共聚物可以通过调控单体的配比和工艺等条件形成微相分离结构，在保证形成连续的亲水通道的同时控制复合膜的溶胀行为。

Wu 等[51]通过缩聚和亚胺化反应制备主链骨架上含有双官能团 POSS 单元（8 苯基-联苯胺-POSS）的线形磺化聚酰亚胺（SPI）从而制备 PI-POSS 复合 PEM，其综合性能显著增强。POSS 聚集体在聚合物基体中表现出良好的分散性，更加均匀且体积更小。并在形成连续质子传输通道的过程中增加了结合水量，从而通过 Grotthuss 扩散机制实现质子传导性的提高。此外，线形 POSS-x-SPI 膜还具有相对优异的氧化和水解稳定性、低溶胀率和高吸水性、良好的热稳定性和机械性能以及较低的甲醇渗透性，如图 5-16 所示。除此之外，Wu 等[52]制备的多磺酸功能化 POSS 接枝聚亚芳基醚砜（PAES）PAES-sPOSS-x 梳状共聚物 PEM 通过将磺化 POSS

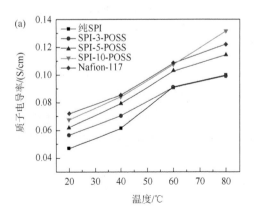

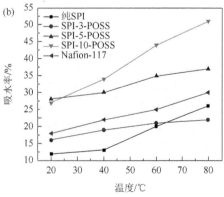

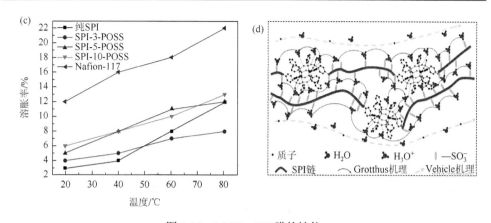

图 5-16　POSS-x-SPI 膜的性能

（a）质子电导率；（b）吸水率；（c）溶胀率；（d）质子转运机理[51]

接枝引入离聚物侧链，期望在溶胀和质子电导率之间取得平衡，在 80℃时质子传导率从 0.037 S/cm 提升到 0.142 S/cm（约 284%的提升率）。

然而 POSS 在离聚物主链接枝的条件较为苛刻、成功率较低，因此研究者通过对 POSS 侧基进行修饰制备星形共聚物。马晓燕等以 OCP-POSS 为引发剂[53]，PMMA 为第一结构单元，PS 为第二结构单元，通过 ATRP 方法合成了一系列含有星形嵌段共聚物的 POSS。聚苯乙烯嵌段磺化后产生星形离子聚合物 POSS-(PMMA-b-SPS)$_8$ 通过浇筑形成的 PEM 具有较好的质子传导性能和溶胀行为。然后又加入 GO[54]，研究发现复合质子交换膜吸水率和溶胀率随 GO 的加入而降低，但在 80℃，100% 相对湿度（RH）的工况下，复合 PEM 的质子传导率比基底膜提升了 220%，具有优异的质子传导性能。

2. POSS 作为交联点与离聚物交联

POSS 具有可设计的侧链可与反应性的离聚物发生交联反应并通过调控交联度控制 POSS 在离聚物中的分布与尺寸。Wang 等[55]以八氨基 POSS（OA-POSS）为交联剂制备交联聚芳醚砜 PEM，并以掺杂磷酸的方式增加 PEM 的质子电导率制备 QPAES-x%OA-POSS/PA（PA 为聚酰胺）膜，如图 5-17 所示。交联度为 10% 的 PA 掺杂膜在 180℃下质子电导率为 97.4×10^{-3} S/cm，200℃下可获 461 mW/cm^2 的功率密度。Kim 等[56]利用烯醇点击反应，将过丙烯酰基 POSS（A-POSS）与带有巯基的磺化聚芳醚砜（SPAES）交联制备 C-SPAES 膜。在交联结构的作用下，C-SPAES 膜物理、化学稳定性显著提高，膜电极组件显示出优异的电池性能。交联结构相比于线形结构具有更好的稳定性，但也可能会导致质子传输通道受阻。

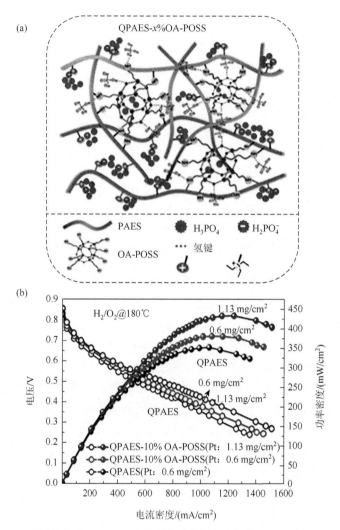

图 5-17　磷酸掺杂的以 OA-POSS 为交联剂制备 QPAES-x%OA-POSS/PA 膜

（a）QPAES-x%OA-POSS/PA 膜结构；（b）膜的电池性能（实心球对应电压，空心球对应质子交换膜的功率密度）[55]

Liu 等[57]将苯氧基侧基的聚醚醚酮（PEEK-OH）、4-酚磺酸钠和环氧 POSS 通过亲核加成的方式制备 C-PEEK-SPOSS 膜，通过一步法即可生成交联结构并引入磺酸基团，与 Nafion117 相比表现出更好的质子传导率（0.19 S/cm vs. 0.16 S/cm）和更低的甲醇渗透率（1.82×10^{-7} cm²/s vs. 18.6×10^{-7} cm²/s）。

3. POSS 与离聚物共混

POSS 嵌段共聚物不仅可以单独作为 PEM 材料，也可作为填料改性离聚物的性

能。因为 POSS 嵌段共聚物较长且有一定磺化度侧链的存在,其与基底具有良好的相
容性。通过引入可反应性 POSS 可以明显降低溶胀率和甲醇渗透率,从而进一步提高
电池寿命,但会降低质子传导率,因此会影响质子传导率和电池功率和密度。为了保
证复合膜的质子传导率,通过与具有质子传导能力的 POSS,如含有氮元素的 POSS{如
季铵盐类 POSS[58][图 5-18(c)]、咪唑类 POSS[59]}、磺化 POSS [图 5-18(a)和
(b)]共混可以提高质子传导率,而且导质子基团可以与磺化聚芳醚砜(SPAE)基
体建立氢键[磺酸基团(POSS)-磺酸基团(SPAE)]、酸碱对[氨基基团(POSS)-
磺酸基团(SPAE)]等相互作用力以维持 POSS/SPAE 复合膜的尺寸稳定性。

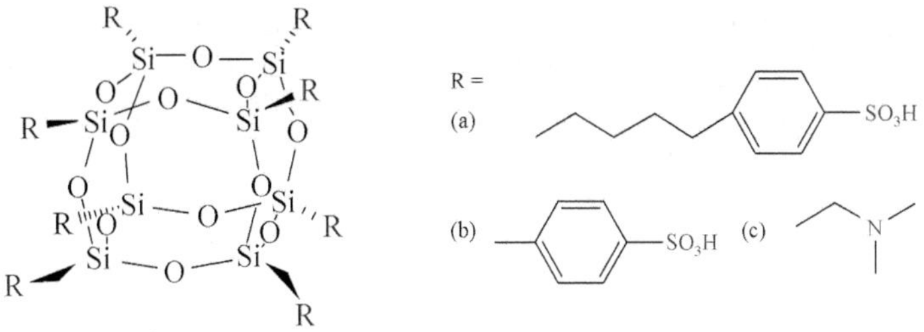

图 5-18　质子传导型 POSS 结构图

现在使用较多的是磺化 POSS,其可分为两种:一种是侧链带有磺化基团的
POSS 结构如图 5-18(a)所示,是通过对芳香烷烃侧链 POSS 进行磺化处理得到
的。Celso 等[60]将分散的三磺酸乙基 POSS(S-Et-POSS)和三磺酸丁基 POSS
(S-Bu-POSS)分别包埋在 SPEEK 薄膜中制备了燃料电池 PEM,但其质子传导率
依然很低,分别为 $1.17×10^{-5}$ S/cm(S-Et-POSS/SPEEK 复合 PEM)和
$3.52×10^{-5}$ S/cm(S-Bu-POSS/ SPEEK 复合 PEM),这是由于磺酸基团的含量较少
而且侧链较长,对质子传导影响较小。

另一种带有磺酸基团的 POSS 是对含有苯环的 POSS 使用氯磺酸、硫酸等磺
化试剂进行磺化处理得到[图 5-18(b)]的,是目前最常用的质子传导型 POSS(磺
化 POSS),通过调控质量比和磺化时间控制磺化度。研究者通常使用这种磺化
POSS(SPOSS)改性磺化聚醚酮[61]、磺化聚砜[62]、磺化聚醚醚酮[63]、磺化聚醚酮/
聚甲亚胺复合物(SPAEK/PAMB)[64]等,磺化 POSS 的引入可以大幅度提高质子
传导率,尤其是低温下的质子传导率,这是因为增加的磺酸基团与含有磺酸基团
的主链之间的相互作用可以使 SPOSS 很好地分散在基底中从而使更多的磺酸基团
可以接触 H_2O 分子,还可以为低湿条件下 H^+ 通过跳跃机制的传输提供更多途径。
Kim 等[65]以 SPOSS 为原料制备纳米复合膜,并将其与磺化聚醚酮复合,用于聚合
物电解质膜燃料电池。SPOSS 的引入一方面促进了质子传导纳米通道的形成;另

一方面提高了纳米复合膜的拉伸应变。拉伸应变和屈服模量分别提高了 66.7%和 63.6%。酸性 SPOSS 作为磺化聚醚酮的质子供体，使磺化聚醚酮纳米通道尺寸增加了 23%，改善了磺化聚醚酮膜的亲疏水微相分离结构，从而提高了质子电导率和电池性能。使用 1.5 wt% SPOSS 可以获得最高的质子电导率和电池性能，最高质子电导率和最大电流密度分别为 0.097 S/cm 和 0.97 A/cm^2，分别提高了 38.6%和 76.3%。Decker 等[66]为了抑制加入 SPOSS 引起的过度溶胀，通过溶胀较低的磺化聚芳醚砜 S-PPSU/80% S-PPSU + 20% SPOSS/S-PPSU 的三明治结构制备出多层复合膜（图 5-19），外层涂层维持了复合膜的尺寸稳定又不会降低内层的质子传导性能。

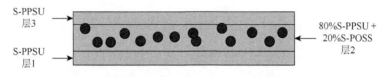

图 5-19　多层复合膜的结构图[66]

Zhang 等[67]为了进一步提高 SPOSS 在基底中的分散性和提高吸水率，将 SPOSS 浸泡在聚多巴胺溶液中进行改性形成 D-SPOSS 用于改性 SPAES（图 5-20），经过聚多巴胺修饰后的 SPOSS 吸水率增加，因此 D-SPOSS/SPAES 复合膜与 SPOSS/SPAES 复合膜相比，质子电导率大幅度提升。POSS（或高分子链）的磺酸基团与聚多巴胺的碱性基团存在较强的酸碱对相互作用，不仅可以避免膜的过度膨胀，保持较高的机械强度，还能以连续通道增强质子跳跃扩散。与 SPOSS 掺杂杂化膜和普通 SPAES 膜相比，D-SPOSS 掺杂杂化膜具有显著的尺寸稳定性、氧化稳定性和热稳定性，特别是 D-SPOSS 含量为 2 wt%的杂化膜在 80℃，100% RH 时的质子电导率达到 0.243 S/cm。

4. POSS 在基体中原位聚合

POSS 除了简单地与离聚物共混以外，还可在离聚物基体中原位聚合增强 POSS

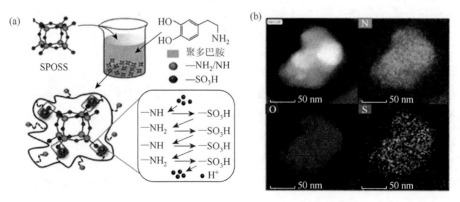

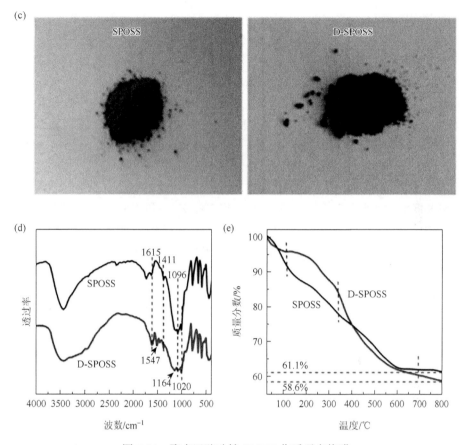

图 5-20　聚多巴胺改性 SPAES 作质子交换膜

（a）D-SPOSS 纳米粒子的制备和 SPOSS/PDA 界面上酸碱对间质子跳跃行为的示意图；（b）SEM-EDX 表征的
D-SPOSS 纳米颗粒中 N、O 和 S 的元素分布图；（c）SPOSS 和 D-SPOSS 的照片；SPOSS 和 D-SPOSS 的（d）FTIR
谱图和（e）TGA 曲线[67]

与基体之间的相互作用，从而达到对性能的优化作用。Li 等[68]通过硫醇-烯点击反应合成了带有乙烯基和磺酸基的新型双功能 Vi-POSS-SO₃Na，在此基础上通过溶液浇铸和原位热交联处理制备了一系列 X-Nafion@POSS 混合膜。原位形成的 X-POSS-SO₃H 纳米块具有良好的兼容性，能很好地分散在 Nafion 基质中。其中，含有 12 wt% Vi-POSS-SO₃Na 的交联混合膜（X-Nafion@POSS-12）在 80℃时具有很高的质子电导率（121×10^{-3} S/cm）、出色的尺寸稳定性和最低的甲醇渗透率（5.4×10^{-8} cm²/s）。在 80℃的条件下，使用 X-Nafion@POSS-12 作为直接甲醇燃料电池（DMFC）中的 PEM，可获得最高的 DMFC 功率密度，其值（34.93×10^{-3} W/cm）是 Nafion 212 膜（14.90×10^{-3} W/cm²）的两倍多。

　　针对杂化 PEM 的界面和有序结构的构建问题,马晓燕等研究发现在外场作用下可以实现八甲基酰氧丙基 POSS(OMA-POSS)反应性纳米基元在 SPAES 基体中的原位聚合[50],组装形成富 POSS 纳米微球梯度分布的杂化 PEM,其中纳米微球的粒径在 15~100 nm 可控,如图 5-21 所示。OMA-POSS 单体中的羧基基团与离聚物主链的磺酸基团之间的相互作用力使 POSS 单体均匀地分散在基体中,也抑制了 POSS/SPAES 复合膜的中离聚物的链运动,从而提高复合膜抑制溶胀的能力和耐久性。在 UV 辐射下,光引发剂产生自由基促使 POSS 纳米基元原位聚合,提高了 POSS 与离聚物基体的相容性,随着膜厚的增加,紫外光能量被削弱,自由基的浓度逐渐降低,在离聚物基体中形成梯度分布的聚集态结构。呈梯度分布的 OMA-POSS 微球构成的稳定结构可以在约束 OMA-POSS 运动的同时保持亲水通道的连续性,保证了在高温高湿的工况下 POSS/SPAES 复合膜仍能保持较高的质子电导率。由此说明 OMA-POSS 纳米微球的有序分布很好地平衡质子传导和溶胀率之间的"trade-off"效应,提高杂化 PEM 的综合性能。相比于常见的利用确定结构纳米填充剂的有序组装构筑杂化 PEM 的方式,该方法通过设计纳米基元的化学结构,调控质子传输通道物理、化学微环境,进而提升了杂化 PEM 的质子传导率及力学性能。

　　综上所述,通过改变 POSS 和离聚物之间的键合方式、化学配比以及制备工艺可以调控 POSS/离聚物复合膜的聚集态结构,从而阐明"复合 PEM 聚集态结构-复合 PEM 的界面演变规律-质子传导率和尺寸稳定性"之间的内在联系。

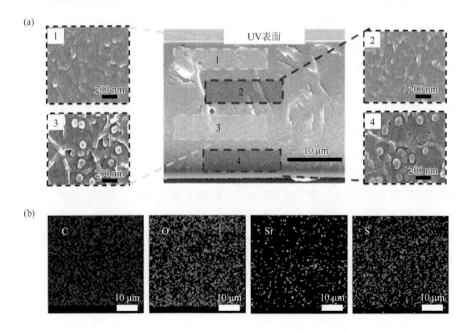

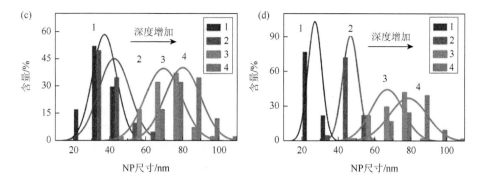

图 5-21　UV 引发梯度分布 POSS 微球/聚芳醚砜基杂化 PEM 的结构

梯度分布 POSS 微球/聚芳醚砜基杂化 PEM 的（a）SEM（截面）图和（b）EDS 结果；（c）POSS/S50 纳米微球的
粒径分布；（d）POSS/S60 纳米微球（NP）的粒径分布[50]

参 考 文 献

[1]　Niitani T, Shimada M, Kawamura K, et al. Synthesis of Li$^+$ ion conductive PEO-PSt block copolymer electrolyte with microphase separation structure. Electrochemical and Solid-State Letters, 2005, 8（8）: A385.

[2]　Ullah A, Ullah S, Mahmood N, et al. Effect of polyhedral oligomeric silsesquioxane nanocage on the crystallization behavior of PEG$_{5k}$-b-P(MA-POSS) diblock copolymers achieved via atom transfer radical polymerization. Polymer Crystallization, 2019, 2（4）: e10058.

[3]　Sethi G K, Jiang X, Chakraborty R, et al. Anomalous self-assembly and ion transport in nanostructured organic-inorganic solid electrolytes. ACS Macro Letters, 2018, 7（9）: 1056-1061.

[4]　Patel V, Maslyn J A, Chakraborty S, et al. Interplay between mechanical and electrochemical properties of block copolymer electrolytes and its effect on stability against lithium metal electrodes. Journal of the Electrochemical Society, 2021, 168（12）: 120546.

[5]　Gao K W, Jiang X, Hoffman Z J, et al. Optimizing the monomer structure of polyhedral oligomeric silsesquioxane for ion transport in hybrid organic-inorganic block copolymers. Journal of Polymer Science, 2020, 58（2）: 363-371.

[6]　Kim S K, Kim D G, Lee A, et al. Organic/inorganic hybrid block copolymer electrolytes with nanoscale ion-conducting channels for lithium ion batteries. Macromolecules, 2012, 45（23）: 9347-9356.

[7]　Zhang Z, Hong L, Gao Y, et al. One-pot synthesis of POSS-containing alternating copolymers by RAFT polymerization and their microphase-separated nanostructures. Polymer Chemistry, 2014, 5（15）: 4534-4541.

[8]　Zhu Y, Cao S, Huo F. Molecular dynamics simulation study of the solid polymer electrolyte that PEO grafted POSS. Chemical Physics Letters, 2020, 756: 137834.

[9]　Cao P F, Wojnarowska Z, Hong T, et al. A star-shaped single lithium-ion conducting copolymer by grafting a POSS nanoparticle. Polymer, 2017, 124: 117-127.

[10]　Gong X, Luo H, Liu G, et al. High-performance gel polymer electrolytes derived from PAN-POSS/PVDF composite membranes with ionic liquid for lithium ion batteries. Ionics, 2021, 27（7）: 2945-2953.

[11]　Shim J, Kim D G, Lee J H, et al. Synthesis and properties of organic/inorganic hybrid branched-graft copolymers

and their application to solid-state electrolytes for high-temperature lithium-ion batteries. Polymer Chemistry，2014，5（10）：3432-3442.

[12] Liu Y，Ma X，Sun K，et al. Preparation and characterization of gel polymer electrolyte based on electrospun polyhedral oligomeric silsesquioxane-poly (methyl methacrylate)8/polyvinylidene fluoride hybrid nanofiber membranes for lithium-ion batteries. Journal of Solid State Electrochemistry，2018，22（2）：581-590.

[13] Zhang H，Kulkarni S，Wunder S L. Blends of POSS-PEO($n = 4$)8 and high molecular weight poly(ethylene oxide)as solid polymer electrolytes for lithium batteries. The Journal of Physical Chemistry B，2007，111（14）：3583-3590.

[14] Maitra P，Wunder S L. POSS based electrolytes for rechargeable lithium batteries. Electrochemical and Solid-State Letters，2004，7（4）：A88.

[15] Zhang J，Ma C，Liu J，et al. Solid polymer electrolyte membranes based on organic/inorganic nanocomposites with star-shaped structure for high performance lithium ion battery. Journal of Membrane Science，2016，509：138-148.

[16] Zhang J，Ma C，Hou H，et al. A star-shaped solid composite electrolyte containing multifunctional moieties with enhanced electrochemical properties for all solid-state lithium batteries. Journal of Membrane Science，2018，552：107-114.

[17] Ryu H S，Kim D G，Lee J C. Synthesis and properties of polysiloxanes containing polyhedral oligomeric silsesquioxane (POSS) and oligo (ethylene oxide) groups in the side chains. Macromolecular Research，2010，18（10）：1021-1029.

[18] Dizman C，Uyar T，Tasdelen M A，et al. Synthesis and characterization of polysulfone/POSS hybrid networks by photoinduced crosslinking polymerization. Macromolecular Materials and Engineering，2013，298（10）：1117-1123.

[19] Yen Y C，Ye Y S，Cheng C C，et al. The effect of sulfonic acid groups within a polyhedral oligomeric silsesquioxane containing cross-linked proton exchange membrane. Polymer，2010，51（1）：84-91.

[20] Viviani M，Fluitman S P，Loos K，et al. Highly stable membranes of poly(phenylene sulfide benzimidazole) cross-linked with polyhedral oligomeric silsesquioxanes for high-temperature proton transport. ACS Applied Energy Materials，2020，3（8）：7873-7884.

[21] Devaux D，Villaluenga I，Bhatt M，et al. Crosslinked perfluoropolyether solid electrolytes for lithium ion transport. Solid State Ionics，2017，310：71-80.

[22] Liu B，Huang Y，Zhao L，et al. A novel non-woven fabric supported gel polymer electrolyte based on poly (methylmethacrylate-polyhedral oligomeric silsesquioxane) by phase inversion method for lithium ion batteries. Journal of Membrane Science，2018，564：62-72.

[23] Zhang J，Li X，Li Y，et al. Cross-linked nanohybrid polymer electrolytes with POSS cross-linker for solid-state lithium ion batteries. Frontiers in Chemistry，2018，6：186.

[24] Zeng X，Huang P，Zhou J，et al. 3D cross-linked POSS-containing borate single ion conductor organic-inorganic hybrid gel electrolytes for dendrite-free lithium metal batteries. Chemical Engineering Journal，2024，487：150707.

[25] Lu Q，Dong L，Chen L，et al. Inorganic-organic gel electrolytes with 3D cross-linking star-shaped structured networks for lithium ion batteries. Chemical Engineering Journal，2020，393：124708.

[26] Na W，Lee A S，Lee J H，et al. Hybrid ionogel electrolytes with POSS epoxy networks for high temperature lithium ion capacitors. Solid State Ionics，2017，309：27-32.

[27] Pan Q，Smith D M，Qi H，et al. Hybrid electrolytes with controlled network structures for lithium metal batteries. Advanced Materials，2015，27（39）：5995-6001.

[28]　Ullah S, Wang H, Hang G, et al. Poly (thiourethane-*co*-ethylene oxide) networks crosslinked with disulfide bonds: Reinforcement with POSS and use for recyclable solid polymer electrolytes. Polymer, 2023, 284: 126318.

[29]　Lee J Y, Lee Y M, Bhattacharya B, et al. Solid polymer electrolytes based on crosslinkable polyoctahedral silsesquioxanes (POSS) for room temperature lithium polymer batteries. Journal of Solid State Electrochemistry, 2010, 14 (8): 1445-1449.

[30]　Song X, Wang Z, Zhao F, et al. A separator with a novel thermal crosslinking structure based on electrospun PI/A-POSS for lithium-ion battery with high safety and outstanding electrochemical performance. Advanced Materials Interfaces, 2021, 8 (24): 2100458.

[31]　Zhou B, Jiang J, Zhang F, et al. Crosslinked poly (ethylene oxide)-based membrane electrolyte consisting of polyhedral oligomeric silsesquioxane nanocages for all-solid-state lithium ion batteries. Journal of Power Sources, 2020, 449: 227541.

[32]　Zuo C, Chen G, Zhang Y, et al. Poly(ε-caprolactone)-*block*-poly(ethylene glycol)-*block*-poly(ε-caprolactone)-based hybrid polymer electrolyte for lithium metal batteries. Journal of Membrane Science, 2020, 607: 118132.

[33]　Chen X, Liang L, Hu W, et al. POSS hybrid poly (ionic liquid) ionogel solid electrolyte for flexible lithium batteries. Journal of Power Sources, 2022, 542: 231766.

[34]　Yang G, Fan B, Liu F, et al. Ion pair integrated organic-inorganic hybrid electrolyte network for solid-state lithium ion batteries. Energy Technology, 2018, 6 (12): 2319-2325.

[35]　Li M, Ren W, Zhang Y, et al. Study on properties of gel polymer electrolytes based on ionic liquid and amine-terminated butadiene-acrylonitrile copolymer chemically crosslinked by polyhedral oligomeric silsesquioxane. Journal of Applied Polymer Science, 2012, 126 (1): 273-279.

[36]　Ma J Y, K S, Ma X Y, et al. Structure and properties of POSS-$(C_3H_6Cl)_8$ composite polyvinylidene fluoride polymer separator prepared by electrospinning. Polymer Materials Science & Engineering, 2018, 34 (06): 54-59.

[37]　Yang K, Ma X, Sun K, et al. Electrospun octa (3-chloropropyl)-polyhedral oligomeric silsesquioxane-modified polyvinylidene fluoride/poly(acrylonitrile)/poly (methylmethacrylate) gel polymer electrolyte for high-performance lithium ion battery. Journal of Solid State Electrochemistry, 2018, 22 (2): 441-452.

[38]　Shang D, Fu J, Lu Q, et al. A novel polyhedral oligomeric silsesquioxane based ionic liquids (POSS-ILs) polymer electrolytes for lithium ion batteries. Solid State Ionics, 2018, 319: 247-255.

[39]　Zhang F, Guan X H, Ma X Y, et al. Effect of POSS star polymers on electrolyte properties of PMMA composite gel polymers. Acta Polymerica Sinica, 2015, (7): 852-857.

[40]　Ma J, Ma X, Zhang Q, et al. Star-shaped polyethylene glycol methyl ether methacrylate-*co*-polyhedral oligomeric silsesquioxane modified poly (ethylene oxide)-based solid polymer electrolyte for lithium secondary battery. Solid State Ionics, 2022, 380: 115923.

[41]　Ma J, Zhang M, Luo C, et al. Polyethylene glycol functionalized polyhedral cage silsesquioxane as all solid-state polymer electrolyte for lithium metal batteries. Solid State Ionics, 2021, 363: 115606.

[42]　Polu A R, Rhee H W, Jeevan Kumar Reddy M, et al. Effect of POSS-PEG hybrid nanoparticles on cycling performance of polyether-LiDFOB based solid polymer electrolytes for all solid-state Li-ion battery applications. Journal of Industrial and Engineering Chemistry, 2017, 45: 68-77.

[43]　Mei H, Wang R, Ren W, et al. The grafting reaction of epoxycyclohexyl polyhedral oligomeric silsesquioxanes with carboxylic methoxypolyethylene glycols and the properties of composite solid polymer electrolytes with the

graftomer. Journal of Applied Polymer Science, 2017, 134: 44460.

[44] Khan K H, Golitsyn Y, Reichert D, et al. Graphene oxide-grafted hybrid diblock copolymer brush (GO-*graft*-PEG₆ₖ-*block*-P(MA-POSS)) as nanofillers for enhanced lithium ion conductivity of PEO-based nanocomposite solid polymer electrolytes. The Journal of Physical Chemistry B, 2023, 127 (9): 2066-2082.

[45] Kim D G, Shim J, Lee J H, et al. Preparation of solid-state composite electrolytes based on organic/inorganic hybrid star-shaped polymer and PEG-functionalized POSS for all-solid-state lithium battery applications. Polymer, 2013, 54 (21): 5812-5820.

[46] Fu J, Lu Q, Shang D, et al. A novel room temperature POSS ionic liquid-based solid polymer electrolyte. Journal of Materials Science, 2018, 53 (11): 8420-8435.

[47] Park C H, Lee S Y, Hwang D S, et al. Nanocrack-regulated self-humidifying membranes. Nature, 2016, 532 (7600): 480-483.

[48] Esmaeili N, Gray E M, Webb C J. Non-fluorinated polymer composite proton exchange membranes for fuel cell applications-A review. ChemPhysChem, 2019, 20 (16): 2016-2053.

[49] Sun X, Simonsen S C, Norby T, et al. Composite membranes for high temperature PEM fuel cells and electrolysers: A critical review. Membranes, 2019, 9 (7): 83.

[50] Chen F, Dong W, Lin F, et al. Composite proton exchange membrane with balanced proton conductivity and swelling ratio improved by gradient-distributed POSS nanospheres. Composites Communications, 2021, 24: 100676.

[51] Wu Z, Zhang S, Li H, et al. Linear sulfonated polyimides containing polyhedral oligomeric silsesquioxane(POSS) in main chain for proton exchange membranes. Journal of Power Sources, 2015, 290: 42-52.

[52] Wu Z, Tang Y, Sun D, et al. Multi-sulfonated polyhedral oligosilsesquioxane(POSS) grafted poly (arylene ether sulfone) s for proton conductive membranes. Polymer, 2017, 123: 21-29.

[53] Zhang J, Chen F, Ma X, et al. Sulfonated polymers containing polyhedral oligomeric silsesquioxane(POSS)core for high performance proton exchange membranes. International Journal of Hydrogen Energy, 2015, 40 (22): 7135-7143.

[54] Zhang J, Chen F, Ma X Y, et al. Preparation and properties of graphene oxide/caged polysesquioxane star block copolymer composite proton exchange membranes. Acta Materiae Compositae Sinica, 2016, 33 (1): 92-99.

[55] Wang J, Dai Y, Xu S, et al. Simultaneously enhancing proton conductivity and mechanical stability of the membrane electrolytes by crosslinking of poly (aromatic ether sulfone) with octa-amino polyhedral oligomeric silsesquioxane. Journal of Power Sources, 2021, 506: 230217.

[56] Kim K, Heo P, Han J, et al. End-group cross-linked sulfonated poly (arylene ether sulfone) via thiol-ene click reaction for high-performance proton exchange membrane. Journal of Power Sources, 2018, 401: 20-28.

[57] Liu C, Wu Z Y, Xu Y X, et al. Facile one-step fabrication of sulfonated polyhedral oligomeric silsesquioxane cross-linked poly(ether ether ketone) for proton exchange membranes. Polymer Chemistry, 2018, 9: 3624-3632.

[58] Vijayakumar V, Son T Y, Kim H J, et al. A facile approach to fabricate poly (2, 6-dimethyl-1, 4-phenylene oxide) based anion exchange membranes with extended alkaline stability and ion conductivity for fuel cell applications. Journal of Membrane Science, 2019, 591: 117314.

[59] Elumalai V, Dharmalingam S. Octa-imidazolium POSS/quaternized polysulfone composite anion exchange membrane for alkaline fuel cell. Polymer Composites, 2019, 40 (4): 1536-1544.

[60]　Celso F，Mikhailenko S D，Rodrigues M A S，et al. Electrical conductivity of sulfonated poly (ether ether ketone) based composite membranes containing sulfonated polyhedral oligosilsesquioxane. Journal of Power Sources，2016，305：54-63.

[61]　Kim S W，Choi S Y，Rhee H W. A novel sPEEK nanocomposite membrane with well-controlled sPOSS aggregation in tunable nanochannels for fast proton conduction. Nanoscale，2018，10（38）：18217-18227.

[62]　Hartmann-Thompson C，Merrington A，Carver P I，et al. Proton-conducting polyhedral oligosilsesquioxane nanoadditives for sulfonated polyphenylsulfone hydrogen fuel cell proton exchange membranes. Journal of Applied Polymer Science，2008，110（2）：958-974.

[63]　Kugarajah V，Dharmalingam S. Sulphonated polyhedral oligomeric silsesquioxane/sulphonated poly ether ether ketone nanocomposite membranes for microbial fuel cell：Insights to the miniatures involved. Chemosphere，2020，260：127593.

[64]　Zhu M，Song Y，Hu W，et al. SPAEK-based binary blends and ternary composites as proton exchange membranes for DMFCs. Journal of Membrane Science，2012，415：520-526.

[65]　Kim S W，Choi S Y，Rhee H W. Sulfonated poly (etheretherketone) based nanocomposite membranes containing POSS-SA for polymer electrolyte membrane fuel cells(PEMFC). Journal of Membrane Science，2018，566：69-76.

[66]　Decker B，Hartmann-Thompson C，Carver P I，et al. Multilayer sulfonated polyhedral oligosilsesquioxane(S-POSS)-sulfonated polyphenylsulfone (S-PPSU) composite proton exchange membranes. Chemistry of Materials，2010，22（3）：942-948.

[67]　Zhang P，Li W，Wang L，et al. Polydopamine-modified sulfonated polyhedral oligomeric silsesquioxane：An appealing nanofiller to address the trade-off between conductivity and stabilities for proton exchange membrane. Journal of Membrane Science，2020，596：117734.

[68]　Li Z，Hao X，Cheng G，et al. In situ implantation of cross-linked functional POSS blocks in Nafion® for high performance direct methanol fuel cells. Journal of Membrane Science，2021，640：119798.